Die Herleitung der Osterformeln
von Gauß, Butcher & Jones, Meeus sowie Knuth aus dem *computus paschalis*

—

Ein Beitrag zum mathematischen Verständnis des
Julianischen und Gregorianischen Lunisolarkalenders

Die Herleitung der Osterformeln von Gauß, Butcher & Jones, Meeus sowie Knuth aus dem *computus paschalis*

——

Ein Beitrag zum mathematischen Verständnis des Julianischen und Gregorianischen Lunisolarkalenders

Michael E. Klews

Dipl.-Math. Michael E. Klews, Berlin
E-mail address: `klewsm@acm.org`

Bibliografische Information der Deutschen Nationalbibliothek

Die Deutsche Nationalbibliothek verzeichnet diese Publikation in der Deutschen Nationalbibliografie; detaillierte bibliografische Daten sind im Internet über http://dnb.d-nb.de abrufbar.

ISBN 978-3-8325-1923-0
Logos Verlag Berlin GmbH
Comeniushof, Gubener Str. 47,
10243 Berlin
Tel.: +49 030 42 85 10 90
Fax: +49 030 42 85 10 92
INTERNET: http://www.logos-verlag.de

Inhaltsverzeichnis

Osterformelverzeichnis

Kalenderregelverzeichnis

Tafelverzeichnis

Verzeichnis der wörtlichen Zitate

Symbolverzeichnis

$a \bmod b$	Siehe Definition 15.3
$\lceil \cdot \rceil$	Iverson-Klammer, s. Definition 15.3
$m \mid n$	m teilt n
x_k	k-te Variable eines Kettenbruchs
p_k	Zähler des k-ten Näherungsbruchs eines Kettenbruchs
q_k	Nenner des k-ten Näherungsbruchs eines Kettenbruchs
$[a, b]$	abgeschlossenes Intervall
$\mathbb{N}, \mathbb{Z}, \mathbb{Q}, \mathbb{R}$	Menge der natürlichen $(0, 1, 2, \ldots)$, ganzen, rationalen und reellen Zahlen
$A \cap B$	Durchschnittsmenge
$A \setminus B$	Mengenkomplement
$\mathrm{GZ}(j)$	goldene Zahl des Jahres j, s. Kalenderregel 4.4
$\mathbb{G}$	Menge der goldenen Zahlen, s. Kalenderregel 4.4
$\equiv$	zahlentheoretische Kongruenzrelation, s. Def. 15.3 und Äquivalenz von Schaltkonstellationen, s. Def. 16.7
$\mathrm{VLF}(a, b)$	Vorlauffunktion, s. Definition 5.2
$\mathrm{VLF}_a(b)$	Vorlauffunktion, s. Definition 5.2
$\mathrm{luna}_I(t)$	Zum Datum t gehöriges Neulicht, s. Definition 5.3
$\mathrm{VLF}_{\mathrm{luna_I}}(t)$	Abkürzung von $\mathrm{VLF}(\mathrm{luna}_I(t), t)$
$A \Rightarrow B$	Aus A folgt B.
$B \Leftarrow A$	Aus A folgt B.
$A \iff B$	A (gilt) genau dann, wenn B (gilt); A dann, und nur dann, wenn B.
$E_{(c, l, \Delta)}$	Epaktenfunktion; s. Definition 16.19 u. Satz 16.23
$A \ni a$	andere Schreibweise für $a \in A$
$x \overset{f}{\mapsto} y$	$y = f(x)$
$\lfloor \cdot \rfloor$	Gauß-Klammer, s. Definition 15.3
s	Sonnengleichungsfunktion
λ_i	Schaltjahr/Schaltzahl zum Index i, s. Definition 16.13
$\mathrm{m_h}(c)$	Wert der Mondgleichung zur Jahrhundertzahl c

m	Mondgleichungsfunktion
w	Wochentagskode eines Kalendertags
$f \circ g$	Komposition von Abb. (lies »f nach g«) $f \circ g(x) = f(g(x))$.
$E_L(y)$	Lilianische Epakte des Jahres y, s. Definition 11.1
E_R	Lilianische Epakte im regulären Epaktenzyklus
/	ganzzahlige Division, s. Def. 15.3
ggT	größter gemeinsamer Teiler
Spec	Spektrum einer reellen Zahl, s. Definition 15.13
(c, l, Δ)	Schaltkonstellation, s. Definition 16.5
$^c_l\mathbb{L}_\Delta$	Schaltjahresmenge der Schaltkonstellation (c, l, Δ), s. Definition 16.5
$^c_l\mathbb{T}_\Delta$	Schaltjahrzwillingsmenge von (c, l, Δ), s. Definition 16.5
$A \approx B$	Menge A ist gleichmächtig zu Menge B; beide sind von gleicher Kardinalität
$^c_l\mathrm{T}_\Delta$	Schaltjahrverschiebungsabbildung von (c, l, Δ), s. Lemma 16.9
$(\exists x)$	Es gibt (mindestens) ein x mit ...
$(\exists! x)$	Es gibt genau ein x mit ...
$(\forall x)$	Für alle x gilt ...
$]a, b[$	offenes Intervall

Vorwort

Die Osterformeln von *Gauß*, *Butcher & Jones*, *Meeus* und *Knuth* werden mathematisch aus dem *computus paschalis* (vgl. etwa [32], [12], [15], [16] und [1]) hergeleitet; die klassische Kalenderrechnung wird in der Sprache der modernen Mathematik formuliert.

Unter einer Osterformel wird in diesem Buch jeder tabellenfreie Algorithmus zum Berechnen des Osterdatums verstanden, unabhängig davon, ob der Algorithmus in der herangezogenen Literatur tatsächlich als Osterformel bezeichnet wird oder auch nicht; zu der ersten Gruppe zählen von den hier behandelten Formeln alle bis auf die beiden von *Knuth*, dessen erste, in unserer Numerierung Osterformel 10.7, als Computer-Programm in der inzwischen historischen Programmiersprache ALGOL 60 formuliert ist, indes seine zweite, Osterformel 10.6, als Algorithmus in der spezifischen Art und Weise notiert ist, die *Knuth* in seinem klassischen Werk *The Art of Computer Programming* zum Darstellen von Algorithmen verwendet.

Da sich erst seit dem Aufkommen des Computers – und dazu zeitlich prallel der neuen Disziplin der Informatik – das Wort Algorithmus verbreitet hat, wird hier weiter von Osterformel gesprochen; der Begriff Algorithmus war aber schon früher bekannt, wenn auch nicht so präzise gefaßt wie heute in der Mathematik und Informatik. So verwendet *Sickel* in [29] – der ältesten in Papierform eingesehenen Literaturstelle – auf S. 185 das Wort *Algorismus* für eine Rechenvorschrift aus dem Jahre 1230, die in Kalendersprüche gekleidet war; das Buchstabenrechnen kam ja erst im 16. Jahrhundert auf (*Viëta* 1591 *In artem analyticam isagogae*).

Das Wort *Algorithmus* ist aus dem Eigennamen *Algorismi*, auch *Algorizmi* geschrieben, abgeleitet: Mohammed Ibn Musa *al-Charismi*, latinisiert *Algorismi*, war ein persisch-arabischer Mathematiker und Astronom, der auch über Kalender geschrieben hat, insbesondere über das Umrechnen von dem arabischen in den römischen Kalender ([32], S. 8).

Ein wesentlicher Schritt zur *Gauß*schen Osterformel ist die Bestimmung des Wochentags des 21. März. Die dabei gewonnenen Erkenntnisse werden, unser Thema etwas erweiternd, dazu benutzt zu zeigen, daß kein Wochentag auf Dauer ausgelassen wird und angegeben, wie man das Datum von Tagen bestimmt, die auf einen festen Wochentag eines Monats fallen (Muttertag, Buß- und Bettag, Volkstrauertag, Totensonntag, die Adventssonntage, die Tage, an denen von Winter- auf Sommerzeit oder umgekehrt gewechselt wird).

Was aus der elementaren Zahlentheorie zum Rechnen mit Schaltjahren benötigt wird, ist weitgehend in Teil IV ausgeführt, um das Thema so in sich geschlossen darzustellen, wie irgend vertretbar; aus dem gleichen Grunde wird ein Abriß des *computus* gegeben, die Rolle der Mondschaltmonate aufzuhellen, soweit dies an Hand der verfügbaren Quellen möglich ist. Die benutzten Quellen widersprechen einander gelegentlich und sind auch in sich vielfach nicht widerspruchsfrei.

Sämtliche getroffenen Existenzaussagen sind konstruktiv: der aufmerksame Leser kann daher leicht Kalenderalgorithmen entwickeln, die allein die vier Grundrechenarten für ganze Zahlen verwenden; da wir dabei mod 4, 7, 19 und 30 rechnen, droht bei ihrer Implementierung in einer der gängigen Programmiersprachen kein Überlauf.

Zahlreiche wörtliche Zitate erleichtern es zu prüfen, ob die aus den Quellen gezogenen Folgerungen richtig sind: obgleich dies den Textumfang merklich erweiterte, wurde nicht darauf verzichtet, da die gedruckten Quellen, die zu Beginn des 20. Jahrhunderts oder früher erschienen, schwer zugänglich sind und man bei Quellen aus dem Internet niemals weiß, wie lange sie bestehen werden; auch damit ist dem Ziel gedient, die Osterformeln so in sich geschlossen wie möglich herzuleiten: Es soll ein Text vorgelegt werden, der dem interessierten Mathematiker, Informatiker und *Software*-Entwickler eine der heutigen Zeit angemessene Darstellung der Osterberechnung bietet, die deren klassische Grundlagen mit der heutigen zeitgenössischen Mathematik verbindet; Historiker werden sich vermutlich weniger angesprochen fühlen, da hier weit mehr mathematisches Verständnis und vor allem Interesse erwartet wird, als etwa in dem von einem Historiker verfaßten Artikel [3], s. Kapitel 1.

Das mathematische Rüstzeug bildet den letzten Teil des Buches, man lese dort nach, wann immer sich vorhergehende Teile darauf beziehen. Der logischen Abhängigkeit nach gehört dieses Kapitel nach vorne, was aber vermieden wurde, um zunächst die Probleme zu schildern, die hier behandelt werden. Der mathematische Teil IV kann daher für sich gelesen werden, die Chronologie dient dann als Motivation.

Das Buch möge den Leser in die Lage versetzen, ihm begegnende Arten der Osterberechnung auf ihre Korrektheit zu prüfen, will sagen allfällige Herleitungen und Beweise selber zu entwickeln.

Berlin, den 4. Mai 2008 $\hspace{6cm}$ Michael E. Klews

1 Osterformeln – ein vorgestriges Thema?

In vielen *Software*-Programmen, die aus dem heutigen Alltag nicht mehr weg-zudenken sind, wird kalendarisch gerechnet und es werden insbesondere die beweglichen Feste des christlichen Kalenders, die in häufig auch gesetzliche Feiertage sind, berechnet.

Manche der moderne Progammiersprachen entheben den Entwickler zwar davon, sich mit den Hintergründen vertraut machen zu müssen, aber die dem Programmierer zur Verfügung gestellten Programmbibliotheken und APIs [1] sind nicht immer fehlerfrei oder sie sind unvollständig – es fehlen z.B. die be-weglichen Feste – und dann ist guter Rat teuer. Noch unangenehmer war es in den achtziger Jahren des vorigen Jahrhunderts, denn damals mußte man alle Kalendersoftware selber schreiben und die Grundlagen des Kalenders nebst der Berechnungsvorschriften der beweglichen Feste mußten mühsam zusammenge-sucht werden, da Software-Entwickler in der Regel nicht in der Chronologie, einer historischen Hilfswissenschaft, ausgebildet sind; gute Lexika halfen, ga-ben aber nur »Kochrezepte« an, tieferes Verständnis war durch sie nicht zu erlangen.

Mit einiger Mühe konnte man Fachzeitschriften finden, in denen Artikel über Kalender-Algorithmen veröffentlicht wurden, aber es fehlten in der Re-gel Korrektheitsbeweise und man mußte glauben und abschreiben, was nicht ungefährlich ist, wie in Abschnitt 10.4.2 im Anschluß an die Herleitung einer Formel von *Knuth* erörtert wird.

Schon *Gauß* schreibt in [8], daß fehlerhafte Osteralgorithmen veröffentlicht werden und ist selber gegen Fehler nicht gefeit: In [10] korrigiert er einen Fehler aus [6] – die falsche Mondgleichungsberechnung –, der aber schon vorher von Lesern bemerkt wurden, s. die Bemerkung des Herausgebers *Loewy* in [11], Bd. XI, S. 202, wo ferner auf einen sich daraus ergebenden Fehler in [8] hingewiesen wird; auch in [9] ist sein Verfahren nicht in allen Fällen korrekt, wie der nämliche Herausgeber a.a.O. auf S. 200 bemerkt. Hier ist – die damals noch nicht so benannte – 2. Korrektur der *Bach*schen Ostergrenzenregel falsch angegeben.

Verdienstvoll war insofern das Essay [32] von Heinz *Zemanek*, das, einen nützlichen Überblick gebend, für tiefer gehende Einzelheiten allerdings auf Spezialliteratur verweist, s.u.; ich selber benutzte *Zemanek*s Buch zur ersten Osterfestberechnung, allerdings noch ohne Oster*formeln*.

---

[1]API = *Application Programmer Interface*, zu Deutsch: Schnittstelle für den Anwendungs-
programmierer

Osterformeln, allgemeiner gesagt Algorithmen zum Berechnen des Osterdatums, fand und findet man in guten Lexika und sie wurden und werden auch anderswo von Zeit zu Zeit veröffentlicht, aber stets ohne die Grundlagen befriedigend zu erläutern; sie in *Software*-Projekten einzusetzen war riskant, man hatte ja keine Gelegenheit, ihre Ergebnisse zu überprüfen: So behandelt auch *Knuth* weder in [22], S. 155f. (= [23], S. 159f.) noch in [21] die Korrektheit seines Osteralgorithmus. Die in [21] veröffentlichten beiden Algorithmen [2] wurden in [31] einige Monate später zertifiziert: dies bedeutete aber lediglich, die Ergebnisse der *Knuth*schen Algorithmen mit Referenzdaten für die Jahre 1901 bis 1999 zu vergleichen, genauer deren Übereinstimmung zu erklären. Die Herkunft der Referenzdaten wurde nicht angegeben; für die Jahre außerhalb des genannten Zeitraums waren Vergleichsdaten nicht verfügbar.

Um kalendarische *Software*-Programme schreiben zu können, von deren Korrektheit man als Programmier selber überzeugt ist, muß man folglich gründliche und tiefe Kenntnisse über die klassische Kirchenrechnung [= LAT. *computus paschalis*] erwerben; als ich in [26] die *Gauß*sche Osterformel vollständig tabellenfrei, [3] wie sie mir zuvor in dieser Form unbekannt war, fand, schnitt ich den Artikel aus, bewahrte ihn auf und damit begann meine intensivere Beschäftigung mit dem Thema, deren bisheriges Ergebnis der Leser gerade vor sich hat.

Denn ungefähr ein Jahr später wollte ich die Formel beruflich in einem *Software*-Projekt einsetzen, war der populären Quelle wegen aber mißtrauisch. Ein Leserbrief sollte die wissenschaftliche Quelle in Erfahrung bringen. Da der Autor des HÖRZU-Artikels die Redaktion aber inzwischen verlassen hatte, und auch die Suche in Bibliotheken mich die Formel nicht in der genannten Form finden [4] ließ, machte ich mich selber an ihre Herleitung aus dem *computus paschalis* [5] (s. z.B. [1], [12] III[6], [15], [16] und [32]), wie er a.a.O. bei *Zemanek* dargestellt wird.

Später gelangte mir 1993 der Artikel von *Graßl* [14] in die Hand. Die dort gegebene Herleitung ist zwar korrekt, aber vielfach konnte ich keine Motivation zwischen den einzelnen Schritten erkennen: Sollte es des Genies eines *Gauß* bedürfen, auf einige der Umformung zu kommen? Aber ich hatte ja bereits

---

[2] Der erste dieser Algorithmen ist Osterformel 10.7, ein `ALGOL 60`-Programm, der zweite verwendet das Verfahren des ersten, um, als `COBOL`-Programm formuliert, eine Tabelle von Osterdaten zu erzeugen.

[3] Wir benutzten im folgenden das altmodische Wort »Tafel« an Stellen, an denen heute in der Regel »Tabelle« gesagt wird, da Tafel der allgemeinere Begriff ist: Auf eine Tafel kann man Tabellen und anderes schreiben.

[4] Jetzt, nachdem ich im Internet die oft zitierte Schrift von *Bach* [1] sowie [2] und [24] fand, ist dies anders; näheres s. weiter unten.

[5] Dem des Lateinischen kundigen Leser wird vielleicht schon aufgefallen sein, daß hier *computus* nicht dekliniert wird, ältere Autoren hätten sicherlich den lateinischen Dativ *computo* geschrieben. Um den heutigen Leser nicht zu sehr zu befremden, verwende ich lateinische Substantive meistens nur im Nominativ; der *genitivus possessivus* wird dagegen stets verwandt, so *paschalis* in *computus paschalis*.

[6] Die römischen Ziffern geben den Band an.

meine eigene algebraische [7] Herleitung und ging der Sache nicht weiter nach.

Der letzte Anstoß, das Thema in der vorliegenden Form aufzubereiten, ergab sich, als ich wieder einige Jahre später, nämlich 1996, das Buch von *Meeus* [25] in die Hand bekam. Auf S. 81ff. werden dort zwei Osterformeln angegeben und zu jener von *Butcher & Jones* wird behauptet:

1.1 Zitat. *Meeus, [25], S. 81:* Im Gegensatz zur Formel von *Gauß* hat diese Methode keine Ausnahme und ist für alle Jahre des Gregorianischen Kalenders, also ab 1583 gültig. □

*Gauß*ens Formel ist ebenfalls für alle Jahre ab 1583 gültig, aber vermutlich lag sie *Meeus* in anderer Form als in [26], d.h. in Anhang A vor.

Mit den Ausnahmen hat *Meeus* allerdings recht: Es sind dies die beiden Sonderbestimmungen der Kalenderregel 8.6 für die Ostergrenze im Gregorianischen Kalender, die in der Formel von *Butcher & Jones* nicht erwähnt werden und die bei *Gauß* dazu führen, seine Formel nicht als geschlossenen algebraischen Ausdruck darstellen zu können, s. die Fallunterscheidung bei der Definition der Zahl D in Anhang A. Es läßt sich analysieren, wo die Ausnahmeregeln versteckt sind, und die *Gauß*sche Formel wurde von mir dementsprechend angepaßt: Osterformel 10.3 läßt die Regel nicht mehr erkennen, sie kommt ohne Fallunterscheidung aus.

Auch ein weiterer zeitgenössischer Autor geht auf die *Gauß*schen Ausnahmen ein, nämlich *Bergmann* in [3], S. 34ff.; es ist nicht ganz klar, ob dort gemeint wird, die Ausnahmen in der Formel seien notwendige Folgen der Ausnahmen im *computus*: Wir werden ja gerade zeigen, daß dies nicht so ist, [8] will sagen, die Formel sich ohne Ausnahmen formulieren läßt: die ursprüngliche *Gauß*sche wird damit zum Zwischenergebnis. [9]

Beim Ausarbeiten des Teils I über den *computus* im Jahr 2006 wurde ich an einige nicht näher begründete Aussagen bei *Zemanek* in [32], meiner bisherigen einzigen Quelle zum *computus*, erinnert. In seinem Vorwort weist *Zemanek* aber auf die Grenzen seines Essays, wie er sein Buch bezeichnet, hin und meint richtig, es sei zum Erwecken von Neugierde eher geeignet [10] als zum Beantworten aller Fragen. Also zog ich *Ginzel* ([12]) ebenso heran wie *Bach* ([1], [2]), *Grotefend* ([15], [16]) sowie *Kaltenbrunner* ([19]), *Mayr* ([24]) und schließlich *Sickel* ([29][11]). *Ginzel* stellt den »Komputus«, wie er das Wort schreibt, umfas-

---

[7]Frühere unveröffentlichte Fassungen dieser Abhandlung führten die Beweise mittels der mathematischen Theorie der endlichen Ringe: Seinerzeit fand ich es naheliegend, die Beweise auf Grund des zyklischen Charakters des Kalenders auf diese Weise zu führen; um die Beweise aber einem größeren Publikum zugänglich zu machen, schrieb ich sie im Jahre 2006 in die gegenwärtige Fassung um und stellte sie in den Kontext des Schaltkalküls, wie er in Kapitel 16 dargestellt ist.

[8]Auf [3] gehe ich auf S. 7f erneut ein.

[9]Allerdings gibt *Gauß* in [6] auf S. 79 die Ausnahmen selber an; auf Grund seiner Autorität wurden sie wohl nur selten in Frage gestellt: Ob vor der Osterformel 10.4 eine andere für den Gregorianischen Kalender veröffentlicht wurde, die keine Fallunterscheidung enthält – wie man statt »Ausnahmen« besser sagen sollte –, wurde hier nicht untersucht.

[10]– was bei mir, wie man sieht, gelungen ist –

[11]Diese Arbeit wurde mir erst im November 2007 zugänglich.

send dar; leider fanden sich Widersprüche zwischen ihm, *Bach* und *Grotefend* einerseits und *Zemanek* andererseits, so beim Begriff des Mondsprungs und den zyklischen Neulichtdaten; glücklicherweise stimmen alle Autoren bei der Berechnung des zyklischen Frühlingsvollmonds überein, worauf es hier allein ankommt. [12]

Mein diese Untersuchung seinerzeit auslösendes Unbehagen rührte, wie schon oben erwähnt, aus der Tatsache her, daß einerseits in der *Software*-Entwicklung vielfach Algorithmen übernommen werden, ohne an ihre Korrektheit auch nur einen Gedanken zu verschwenden und andererseits in mancher Erörterung der christlichen Kalender einschließlich der Osterberechnung und insbesondere der zugehörigen Formeln vieles vom Himmel gefallen scheint, um diese altherge-brachte Redensart zu verwenden, [13] oder besser weltlich formuliert: Es kam mir allzu vieles *out of the blue*, zumal auch zeitgenössische Autoren wie *Reingold & Dershowitz* in [28] sich mit dem Beweisen auf das Notwendigste beschränken; nach dem Erscheinen dieses Buchs – oder sogar schon nach dem der früheren Auflage [14] aus dem Jahre 1997 – nebst zugehöriger Software mag man die Frage stellen, ob Osterformeln noch benötigt werden: Nun, man bekommt garantiert keine Lizenzprobleme, wenn man sie benutzt und die Formeln sind isoliert als einzelne Routinen oder Klassen schnell programmiert. *Reingold & Dershowitz* benutzen wesentlich auch bei der Osterberechnung ihre Tagesnumerierung, die *fixed day number*, die bei ihnen die Rolle der Julianischen Tagesnummer übernimmt.

Die Osterformeln benutzen keine solche Numerierung; [15] im *computus* steckt aber eine Numerierung der Mondumläufe, der Lunationen, welche die Verteilung der Vollmontage [16] bestimmt, die für die Osterberechnung entscheidend ist; zur Herleitung der Osterformeln reicht die Kenntnis dieser Verteilung, wie sie zustande kommt, braucht man nicht notwendig zu wissen, obgleich es nützlich ist zu verstehen, welche Aussagen des *computus* sozusagen Axiome und welche beweisbare Sätze sind, vgl. die Fußnoten auf den Seiten 17 und 77.

Die Osterformeln werden konsequent mit den Mitteln der heutigen Mathematik auf den klassischen *computus paschalis* zurückgeführt, und es wird klar und deutlich zwischen den seinerzeit im Mittelalter und der frühen Neuzeit als Grundlage gewählten Aussagen einerseits und den daraus gezogenen mathematischen Schlüssen andererseits unterschieden: Ein übliches Vorgehen ist

---

[12]Das dreibändige Werk *Ginzels* ist beeindruckend und auch hundert Jahre nach dem Erscheinen des ersten Bandes lesenswert. Es ist – modern formuliert – interdisziplinär und sehr klar geschrieben, man lasse sich nicht durch die unübersetzten lateinischen und griechischen Zitate abschrecken; *Reingold & Dershowitz* ([28]) schreiben auf S. 11: *The best reference is still Ginzel's monumental three-volume work.*

[13]Was man mir verzeihe, glaubte man seinerzeit doch tatsächlich gelegentlich an göttlichen Einfluß, vgl. Zitat 4.1 und den Namen *linea angelica* in Zitat 4.9, meine sich daran anschließende Vermutung und Zitat 8.1.

[14]Hier wurde *Dershowitz* als erster und *Reingold* als zweiter Autor genannt!

[15]Wir behandeln in Kapitel 13 dennoch Tagesnumerierungen – wenn auch nur innerhalb einzelner Sonnen- und Mondjahre –, um einen Algorithmus zu konstruieren, der aber mit den Osterformeln nicht in direkter Verbindung steht.

[16]Äquivalent dazu ist – wie wir sehen werden – die Verteilung der Tage des Neulichts.

4

dies wohl nicht, schreibt doch *Bach* in [1] in einer Fußnote auf S. 51 und auch *Mayr* in [24] gleich im ersten Absatz, daß auch *Gauß* keinen Beweis seiner Formel gegeben habe. [17]

Es wird versucht, die Bestimmungen des *computus*, genauer deren Herleitung, plausibel zu machen und die möglichen Gedankengänge seiner Erfinder nachzuvollziehen, wie es *Mayr* in [24] praktiziert. Der Titel seiner Abhandlung »Das Kunstwerk des *Lilius*« ist ebenso Ausdruck der Bewunderung der *Lilius*schen Arbeit, wie ein Hinweis auf die Natur des *computus*, der ein bewunderungswürdiges Kunstprodukt, ein *arte factum*, des Menschengeistes ist, um die astronomischen Verhältnisse von Sonne, Erde und Mond in ein leicht zu handhabendes mathematisch-astronomisches Modell zu fassen, welches allein mit ganzen Zahlen arbeitet.

Für den Mondzirkel des Julianischen Kalenders wird dieser Versuch nur eingeschränkt durchzuführen sein, da vieles dafür spricht, daß in jenen frühen Zeiten nur begrenzt von bewußtem Erfinden die Rede sein kann und falls doch, dieser Vorgang nur in Ansätzen rekonstruierbar ist: Mindestens einer der alten Komputisten beruft sich auf den heiligen Geist, wie *Sickel* anführt, s. Zitat 4.1 auf S. 27; näheres dazu in Kapitel 6. Kurzum: wir wollen zeigen, wie das Entstehen des *computus* abgelaufen sein könnte, ähnlich wie es *Devlin* in [4] hinsichtlich des mathematischen Denkens praktiziert. Hilfreich ist in diesem Zusammenhang das Adjektiv *kanonisch*, wie es in der Mathematik verwandt wird. Ein Vorgehen (oder eine Konstruktion oder eine Lösung) wird als *kanonisch* bezeichnet, wenn es offensichtlich die beste Wahl ist, der Sache am angemessensten ist, sich gewissermaßen geradezu notwendig aufdrängt, wenn auch nicht aus formal-logischen Gründen sondern – auf Neu-Deutsch gesagt – *Because it fits best!* Unser Vorhaben besteht also darin, möglichst viele Eigenschaften des *computus* als kanonisch zu erkennen.

Reingold und *Dershowitz* schreiben in ihrer Einführung auf S. 5 ausdrücklich, den Fokus auf das Algorithmische zu legen, obgleich auch viele historische, religiöse und mathematisch-astronomische Daten angegeben werden; wir hingegen versuchen viele der mathematischen Aussagen, die a.a.O. lediglich konstatiert werden, zu motivieren und exakt zu begründen: Hier geht es in erster Linie um das Verstehen des *computus*.

Es liegt Ironie in der Tatsache, daß *Ginzel*, Autor der von mir am meisten genutzten Quelle [12], sich an zwei Stellen ausdrücklich gegen Osterformeln ausspricht. A.a.O, III, S. 224 gibt er lediglich in einer Fußnote, der 2. dieser Seite, *Gauß*ens Formel für den Julianischen Kalender an, indessen er im laufenden Text mathematische Formeln für den Historiker und Chronologen als überflüssig und ohne irgendein Interesse erklärt, da für die ganze historische Epoche umfangreiche Verzeichnisse der Osterdaten vorliegen – *Gauß*ens Formel gibt er allein »ihrer literatur-historischen Bedeutung halber« an. Nur dem Kalendermacher – das Wort in Anführungszeichen gesetzt (*sic!*) –, den er nicht mit dem Chronologen verwechselt wissen will, gesteht er zu, Formeln zu ver-

---

[17] *Gauß* hatte allerdings dazu seine Gründe, s.u.

wenden, um in ferner Zukunft liegende Osterdaten zu ermitteln. In dem letzten auf der angegebenen Seite beginnenden Satz, der a.a.O. auf Seite 225 fortgesetzt wird, gibt *Ginzel* an, von anderen Verfassern weiterer Osterformeln auch aus neuester Zeit [18] zu wissen, gibt auch Quellen an, erklärt sie allerdings für »nur von arithmetischem Interesse«; ebenso gedenkt er a.a.O. auf S. 266 erneut »wegen ihrer literatur-historischen Bedeutung« auch der *Gauß*schen Formel für den Gregorianischen Kalender und gibt sie in Fußnote 1) an; es erübrigt sich fast zu erwähnen, daß *Ginzel* die Osterformeln nicht beweist. [19] Warum *Ginzel* den Kalendermacher so abfällig erwähnt, [20] bleibt mir verschlossen. In unserem inzwischen angebrochenen Informationszeitalter hingegen wird so mancher *Software*-Entwickler zum »Kalendermachen« gezwungen, ohne hinreichend Bescheid zu wissen, man denke nur an die Berichte, die vor dem Jahr 2000 sowohl in der Tagespresse wie in den Fachzeitschriften der Informatiker kursierten.

Angesichts der eben geschilderten Auffassung *Ginzel*s fällt meine Abhandlung vermutlich zwischen die Disziplinen: dem Historiker und Chronologen mag sie zu mathematisch sein und manchem Mathematiker sowohl zu historisch als auch zu trivial, obgleich die hier dargestellte und genutzte Mathematik in dem Sinne konkret ist, wie der Begriff *concrete mathematics* im Vorwort von [13] erläutert wird. [21] Man möge bitte stets bedenken, daß der ursprüngliche Anlaß zu dieser Darstellung die Forderung war, korrekte Software zu schreiben sowie der Wunsch, einem möglichst breiten Publikum den Zugang zu den Beweisen zu ermöglichen; wenn Lemmata und Sätze trivial scheinen, so bedenke man, daß ein weiteres wesentliches Anliegen darin besteht, den *computus* mathematisch exakt in Axiome und aus ihnen gefolgerte Aussagen zu zergliedern; daher wird streng zwischen Festsetzungen oder Konventionen – gesetzten Regeln, die wie auch immer astronomisch, religiös oder durch Tradition motiviert sind – und deren logisch-mathematischen Konsequenzen unterschieden, auch wenn dies gelegentlich künstlich scheinen mag.

Vielleicht ist es mir aber gelungen, eine schmale Brücke oder zumindest einen Steg zwischen der Chronologie, als historischer Hilfswissenschaft den

---

[18] *Ginzel*s Handbuch erschien zwischen 1906 und 1914!

[19] Erwähnt werden muß aber, um *Ginzel* nicht Unrecht zu erweisen, daß er a.a.O. den Artikel [5] zitiert, in dem Osterformeln hergeleitet werden, allerdings geht *Fraenkel* einen anderen Weg als unseren und die chronologischen Grundlagen nebst ihrer Geschichte erwähnt er nur am Rande: Die Julianischen Osterjahre (s. Abschnitt 5.1), die Julianischen Sonnenjahre und die Jahre des islamischen Kalenders sind bei ihm von einander unabhängige Kalender, die er ineinander umrechnet, wozu er wesentlich die mittleren Jahreslängen benutzt. Auf *Fraenkel* kommen wir am Ende des Abschnitts 14.1 zurück.

[20] Oder findet er nur das Wort komisch, aber dann bräuchte er den Kalendermacher nicht so überdeutlich vom Chronologen abzugrenzen.

[21] Das konkreteste hier dargestellte Stück Mathematik ist wohl Abschnitt 18.1, da dort Eigenschaften über unendlich viele Elemente eines konkreten Intervalls bewiesen werden, und zwar aufbauend auf der Darstellung der nichtnegativen rationalen Zahlen im *Stern-Brocot*-Baum (s. Tafel 15.1, Definition 15.17, Satz 15.18 und Korollar 15.19), die wesentliches Beweismittel der Sätze 15.22, 16.27, 16.28 und 16.29 sind; sperrig scheinende Aussagen über die unstetige Funktion $\lceil \cdot \rceil : \mathbb{R} \to \mathbb{R}$ werden so recht elegant bewiesen.

Geisteswissenschaften zugehörig, und den exakten Wissenschaften zu schlagen
– ein schöner Gedanke angesichts des in Deutschland 2007 begangenen Jahres der Geisteswissenschaften und des gegenwärtigen Jahres der Mathematik
2008; die Notwendigkeit eines solchen Brückenschlags wird durch die folgende
Stellungnahme zu [3] endgültig klar.

Es gehört zu den Windungen und Wendungen meiner Beschäftigung mit der
Osterfestberechnung – die deutlich die Barrieren und Gräben zwischen den Disziplinen erkennen lassen –, daß ich die Literaturstelle [3] erst fand, nachdem
das Buch eigentlich schon fertiggestellt war, und ich mich der Quellensicher-
heit wegen entschloß, erneut den einige Jahre zuvor gescheiterten Versuch zu
wagen, [1] als papierenes Buch zu beschaffen: Zuvor war es mir ja gelungen,
die Schriften [18], [19] und [29] noch unaufgeschnitten antiquarisch zu erwerben; ich gab den vollständigen Titel in die Internetsuchmaschine ein, da diese
Methode mich schon [29] finden ließ. Zwar fand ich [1] nicht, wohl aber *Bergmann*s Artikel [3]; glücklicherweise wurde dadurch meine Untersuchung nicht
obsolet. Prof. Dr. *Bergmann*, 1991 an der Ruhr-Universität Bochum und inzwischen emeritiert, ist Historiker und vertritt, – wie einst *Kaltenbrunner* –
auch die Chronologie. Trotz des Untertitels ist sein Artikel keine mathematische Untersuchung in dem Sinne, wie sie hier angestellt wird. In [3] wird die
Osterberechnung mathematisch formuliert und es wird eine eigene Formel entwickelt. [22] Allerdings wird wenig wirklich bewiesen, sondern meist nur in dem
Sinne beobachtet, wie hier in Bemerkung 2.5 der Begriff der mathematischen
Beobachtung erklärt wird. Wo es interessant wird, meint der Autor auf die
mathematische Deduktion verzichten zu können (a.a.O. S. 39). Das Zusammenspiel der Mond- mit den Sonnenjahren zum Zwecke der Osterberechnung
wird nicht erläutert, der lunisolare Charakter des Osterfestes wird dadurch
nicht erhellt; die Begriffe Mondschaltjahr und Mondschaltmonat kommen in
seinem Beitrag nicht vor. A.a.O. wird auf S. 16 erstmals die Osterformel von
Gauß erwähnt und die uns schon bekannte Meinung *Ginzel*s zitiert.

1.2 Zitat. *Bergmann, [3], S. 16:* This formula has found general recognition
but not among the chronologists who continued to use the cyclical calculation. [23]   □

Das Wort *continued* in *Bergmann*s Aussage verstehe ich dahingehend, daß er
einen Gegensatz zwischen Osterformeln und der traditionellen zyklischen Berechnung des Osterfestes mittels der Texte und Tabellen des *computus* sieht. [24]

---

[22]Diese Formel benutzt Tabellen, ist also keine Osterformel in unserem Sinne.

[23][Fußnote 6) bei *Bergmann* auf S. 40] Cf. *Rühl, Chronologie*, p. 234: „Der Chronologe wird
nicht leicht in den Fall kommen, diese geistreichen und von den Mathematikern viel-
bewunderten Formeln anzuwenden“; *Ginzel Handbuch der mathematischen und technischen Chronologie*, t. 3, P. 224: „Höchstens der ‚Kalendermacher‘ wird zur Formel greifen
. . . Ich gedenke deshalb nur der von *Gauss* aufgestellten Osterformel, ihrer literatur-
historischen Bedeutung halber, in einer Anmerkung. Die Verbesserungen . . . sind nur
von arithmetischem Interesse, da die Chronologen nicht mehr nötig haben, nach ihnen
zu rechnen.“

[24]Aus den ersten Sätzen des Artikels [8] ergibt sich, daß die traditionelle Berechnung des
Osterfestes ohne Formeln als zyklisch bezeichnet wurde, s. Kapitel 2.

Wir werden zeigen, daß es einen solchen Gegensatz keinesfalls gibt: Zyklisch an der Osterfestberechnung ist, daß ihr nicht der wirkliche astronomische Mond zu Grunde gelegt wird, sondern eine ganzzahlige Näherung desselben, der als zyklischer Mond oder Kirchenmond ([= LAT. *luna paschalis*]) bezeichnet wird, vgl. S. 13. Ob der Lauf der *lunae paschalis* mittels Tabellen und natürlich-sprachlichem Text, oder mittels einer Formel berechnet wird, ist für das Ergebnis gleichgültig: Zur Entstehungszeit des *computus* war das Buchstaben-rechnen noch nicht erfunden oder entdeckt – je nachdem, wie man die Natur der mathematischen Objekte auffaßt – und mathematische Formeln waren mithin noch nicht möglich.

A.a.O auf S. 40 geht *Bergmann* auf das Verhältnis seiner Formel zu der von *Gauß* ein. Er gesteht *Gauß*ens die größere Eleganz zu, worauf es ebenso wenig ankommt, wie auf die beiden unterschiedlichen Ansätze zu ihrer Herleitung.

1.3 Zitat. *Bergmann, [3], S. 40:* Thus it can be shown that the computus wasn't based exclusively on cyclical calculation but moreover its math-ematical bases were sufficiently precise to form the basis of an Easter formula. □

In dem Zitat ist mit der Aussage zwischen *Thus* und *but* wohl gemeint, daß seine Formel beweise, der *computus* basiere nicht ausschließlich auf der zyklischen Berechnung, was ich nicht nachvollziehen kann, da in diesem Fall nicht hinreichend klar ist, was mit »zyklischen Berechnung« gemeint ist, s.o.

Dem zweiten Teil der Aussage *Bergmann*s dagegen ist vorbehaltlos zuzu-stimmen: Wäre der *computus* nämlich nicht hinreichend präzise, so hätte keine noch so hohe Genialität *Gauß* in die Lage versetzt, eine Formel anzugeben; warum er keinen Beweis veröffentlichte, sagt er selber:

1.4 Zitat. *Gauß, [6], S. 75:* Die Analyse, vermittelst welcher obige Formel gefunden wird, beruhet eigentlich auf Gründen der *höheren Arithmetik,* in Rücksicht auf welche ich mich gegenwärtig noch auf keine Schrift be-ziehen kann, und läßt sich daher freilich in ihrer ganzen Einfachheit hier nicht darstellen: inzwischen wird doch folgendes hinreichen, um sich von dem Grunde der Vorschriften einen Begriff zu machen und von ihrer Richtigkeit zu überzeugen.... □

Allerdings stellt *Gauß* a.a.O. im Anschluß an das Zitat eine Plausibilitäts-betrachtung an, und der Wochentag des 21. März wird vollständig hergeleitet. *Höhere Arithmetik* war um das Jahr 1800 die übliche Bezeichnung der Zahlen-theorie; dieses mathematische Teilgebiet hat *Gauß* entscheidend befördert, ins-besondere durch sein bahnbrechendes Werk *Disquisitiones arithmeticae* ([7]), welches im Jahre 1801 erschien, also später als seine Osterformeln veröffentlicht wurde.

Wie der Leser später erkennen wird, spielen Divisionsreste, der mod -Opera-tor, und die zahlentheoretische Kongruenzrelation eine entscheidende Rolle in unseren Überlegungen, und es ist eines der unzähligen Verdienste *Gauß*ens, die Bedeutung der Divisionsreste für die Zahlentheorie ganz allgemein als erster erkannt und in diesem Zusammenhang die Kongruenzrelation für ganze Zahlen eingeführt zu haben, und zwar in dem schon oben erwähnten Werk [7] auf den Seiten 9 ff.

Ohne eine präzise und eindeutige Darstellung des *computus* in den überlieferten Schriften wäre es aber auch vor *Gauß* unmöglich gewesen, das Osterfestdatum zyklisch – wie *Bergmann* den Begriff auch immer versteht – zu bestimmen. In der Sprache der Informatik gesagt: Die Texte des *computus paschalis* spezifizieren das Datum des Ostersonntags vollständig, so daß es möglich ist, Osteralgorithmen aus ihnen herzuleiten und in deren Gefolge *Software*-Programme zu entwickeln.

Im Gegensatz zu anderen Herleitungen – etwa denen in [1], [2], [3], [28] und [32] – wird hier das das Berechnen des Ostersonntagsdatums ebenso auf die Konstruktion der beiden Lunisolarkalender zurückgeführt wie die zugehörigen immerwährenden Neumondkalender.

Auf diese Weise wird meine Herleitung, wie man es auch dreht und wendet, eine Auseinandersetzung mit der folgenden Aussage *Bachs*; der Leser mag am Ende selber entscheiden, was daran richtig ist und was nicht:

1.5 Zitat. *Bach, [1], S. 36, Fußnote 2:* Streng genommen haben wir es bei dem 19jährigen Mondcyklus nicht mit Mondjahren, die ein willkürliches, dem Sonnenjahr angeglichenes Gebilde sind, sondern mit 235 Mondmonaten zu tun. Aus diesem Grunde wird hier und überall sonst, so oft die Zahl 30 oder mehr erreicht ist, weil darin ein ganzer Monat enthalten ist, die Zahl 30 subtrahiert, aber auch, wenn es nötig sein sollte, addiert. □

Letzten Endes war es mein Unverständnis der Wirkung der Mondschaltmonate, wie sie in [32] und [1] dargestellt wurde, das mich veranlaßte, die Teile I und III zu verfassen, besser gesagt, meine frühere Darstellung zu erweitern, um Rolle und Wirkung der Schaltmonate aufzuklären.

Die Herleitung der Osterformeln

Teil I

Der *computus paschalis*

2 Vorschau auf die Osterberechnung

Die Geschichte des Osterfestes wird sehr schön von *Ginzel* in seinem § 250 ([12], III, S.210ff.) dargestellt und auch in [1], [18] und [19] findet man dazu einiges; wir bemerken hier lediglich, daß die Geschichte und die Berechnung des christlichen Osterfestes eng mit dem jüdischen Passahfest verbunden ist und es in christlicher Frühzeit, bedingt durch unterschiedliche Auffassungen und die geographischen Trennung verschiedener christlicher Zentren, mehrere Arten der Berechnung gab.

Die sich im Julianischen Kalender dann herausgebildete zyklische Osterbrechnung wurde im Zuge der Gregorianischen Kalenderreform den inzwischen gewonnenen astronomischen Kenntnissen angepaßt; mit »zyklisch« ist gemeint, nicht von exakten astronomischen Berechnungen, die seinerzeit ohnehin unmöglich waren, auszugehen, sondern ein Näherungsverfahren zu etablieren, welches auf der schon im alten Babylon bekannten *Meton*ischen Periode (s. Kalenderregel 3.9) beruht und mit einer Tafel und den vier Grundrechenarten auskommt, s.u.; das Dividieren vermied man seinerzeit bewußt wann immer möglich, da es als schwierige, nur wenigen zugängliche Kunst galt und man stellte soviel wie möglich in Tabellen dar.

2.1 Zitat. *Ginzel, [12], III, S. 220:* Völlige Einigkeit in der Berechnung des Osterfestes erreichte die abendländische Kirche erst durch *Dionysius* Exiguus, dessen Osterregel besonders durch *Beda* verbreitet und bald allgemein angenommen wurde. Nach derselben werden die Vollmonde mittels eines 19 jährigen Zyklus berechnet, als Frühjahrsäquinoktium ist das feste Datum 21. März vorausgesetzt. Ostern ist am ersten Sonntag nach dem Vollmonde, der auf das Äquinoktium folgt, zu feiern; trifft dieser Vollmond auf einen Sonntag, so ist Ostern auf den nächsten Sonntag zu verschieben. Die ganze Entwicklungsgeschichte des Osterfestes führt zu zwei Sätzen, welche hervorgehoben werden müssen: 1. Das christliche Osterfest beruht unmittelbar auf dem jüdischen Passah und hat in den Satzungen der Kirche bis auf unsere Zeit den uralten Character eines l u - n a r e n und gleichzeitig an das Ä q u i n o k t i u m geknüpften Festes behalten. 2. Die jetzige Osterregel hat sich von selbst, ohne Eingreifen der Konzile und Päpste, ausgebildet, und die letzteren haben sich, um die Einigkeit der Kirche zu wahren, dabei nur dem Gebrauche angeschlossen, welcher bei der überwiegenden Mehrheit der Kirchen in Aufnahme gekommen ist. □

2.2 Kalenderregel (Der Ostersonntag).

(i) Frühlingsanfang ist stets der 21. März. [1]

(ii) Der Frühlingsvollmond(tag) ist der Tag des ersten Vollmonds, der nicht vor dem Frühlingsanfang liegt; dieser Tag heißt traditionell zugleich Ostergrenze (*terminus paschalis, luna XIV*), wie durch (iii) nahegelegt wird. Wir werden *par abûse language* mit dem Wort Ostergrenze auch deren in Tagen gemessenen Abstand vom letzten Februartag bezeichnen, wenn aus dem Zusammenhang hervorgeht, was gemeint ist.

(iii) Ostersonntag ist der erste Sonntag, der nicht vor dem Frühlingsvollmond liegt; fällt der Frühlingsvollmond allerdings auf einen Sonntag, so ist Ostern erst eine Woche später. □

Es heißt also den Frühlingsvollmond und dessen Wochentag zu berechnen; der Algorithmus – um es modern auszudrücken – den der *computus* beschreibt, muß mit wenigen Tafeln und den vier Grundrechenarten auskommen: sollte doch jeder Priester auch der abgelegensten Gemeinde mit geringem Kontakt zur nächsten größeren Stadt ihn selber berechnen können:

2.3 Zitat. *Ginzel, [12], III, S. 225:* Die oben bemerkte Unsicherheit und Verschiedenheit der Osterbestimmung in der altchristlichen Kirche und die Umständlichkeit, daß den Kirchengemeinden das Osterdatum alljährlich im voraus bekannt gegeben werden mußte, ließ bald den Wunsch aufkommen, die Ostertage für eine größere Reihe von Jahren nach festen Regeln zu ermitteln. Dieses Bestreben führte zur Aufstellung der Ostertafeln (*tabulae, cycli, canones paschales*). In denselben mußten die Osterdaten, gemäß der Entwicklungsgeschichte des Osterfestes, an die Vollmonde und an das Frühjahrsäquinoktium geknüpft sein. Von einer astronomisch genauen Vorausbestimmung der Vollmondsdaten konnte in den Zeiten, wo die Ostertafeln ein Bedürfnis wurden, noch nicht die Rede sein; man hatte damals betreffs der Mondbewegung nur die Kenntnisse der Alten (Griechen) zur Verfügung. Ferner wollte man Anforderungen an besonderes Wissen und gelehrte Rechnungen möglichst vermeiden, denn die Ostertafeln sollten populäre, für unwissende Kleriker und Laien geschriebene Bücher sein, aus welchen sich jedermann mittels leichter Rechnung von der Richtigkeit der Osterdaten überzeugen könnte. Es blieb also bei der Konstruktion der Ostertafeln nur die Zugrundelegung der z y - k l i s c h e n Rechnung übrig. Die Zyklen, durch welche man die Daten der Vollmondseintritte ermittelte, konnten, in Anbetracht der Kompliziertheit der Mondbewegung, nur unzureichende Surrogate für die wahre Mondbewegung sein: die zyklisch berechneten Vollmonddaten wichen daher im Laufe der Zeiten mehr und mehr von den wirklichen Vollmondtagen ab. Die Kirche hat trotz dieser Abweichungen die Osterfeste bis

---

[1]Dies Aussage versteht sich als Teil der Näherung des ganzzahligen *computus* an die astronomischen Verhältnisse von Sonne, Mond und Erde, vgl. Kalenderregel 4.3.

tief ins Mittelalter an den von den Ostertafeln vorgeschriebenen Tagen gefeiert, einesteils weil sie lange Zeit keine besseren zyklischen Grundlagen zur Verfügung hatte, anderenteils weil sie wohl fürchtete, daß weitere Veränderungen in dem Systeme der Osterbestimmung ein Wiederaufleben der im 6. Jahrh. mit Mühe beseitigten Osterstreitigkeiten hervorrufen könnten. Zur Zeit der gregorianischen Kalenderverbesserung hätte die Kirche allerdings einigen Fortschritt in der astronomischen Kenntnis benützen und die zyklischen Berechnung der Osterfeste dennoch für die Allgemeinheit in einer hinreichend einfachen Form gestalten können: daß dies unterblieben, ist ein Vorwurf, der ihr nicht ganz erspart werden kann (vgl. § 255). □

2.4 Zitat. *Bach, [1], S. 12f.:* Den stärksten und am längsten währenden Zwiespalt verursachte die Bestimmung des Ostervollmondstages. Am einfachsten wäre es gewesen, den Eintritt des Vollmondes jedesmal rein empirisch durch unmittelbare Beobachtung festzustellen. Ursprünglich geschah es auch so bei den Juden. Aber bald genügte diese Bestimmungsart nicht mehr, da es im Interesse der sicheren und allseitigen Regelung des Gottesdienstes nötig wurde, für eine längere Reihe von Jahren im voraus den Festtermin zu kennen. Dieses Bedürfnis hatten schon die Juden zur Zeit Christi.[13]

Weil aber die astronomische Wissenschaft damals noch nicht so weit war, diese Anforderung zu befriedigen, so suchte man durch eine die Zeit des Mondumlaufs möglichst berücksichtigende Berechnung für eine bestimmte Zahl von gewöhnlich in Form eines Kreises (κύκλος)[2] niedergeschriebenen Jahren, nach deren Verlauf die alte Reihenfolge der Daten wiederkehrte, den Frühlingsvollmond zu finden. Diese Berechnungsart nennt man daher die cyklische. □

Auf die konventionelle Berechnung des Wochentags mittels des Sonntagsbuchstabens gehen wir nicht ein, da wir sofort die moderne modulare Arithmetik – oder das Rechnen in endlichen Ringen – zu diesem Zweck nutzen werden; Kapitel 9 ist gänzlich diesem Thema vorbehalten.

Die Leistungen der frühen Astronomie würdigend, geht der Rest des Kapitels auf die Grundlagen der Vollmondberechnung ein und stellt eine Verbindung zum modernen Schaltkalkül in [28], hier dargestellt und erweitert in Kapitel 16, her.

---

[2][Fußnote 1) bei *Bach* auf S. 13] Ein derartiger κύκλος (rota paschalis) ist abgebildet bei E. *Schwartz*, a. a. O. Beilage I, und bei Angelo *Mai*, *Script. veterum nova collectio V* (1831) S. 72.; M.E.K.: a.a.O. = *Christliche und jüdische Ostertafeln*, Abhandlungen der Gesellschaft der Wissenschaften zu Göttingen, phil.-hist. Klasse, N.F., 8, 6, Berlin 1905.

2.5 Bemerkung (Mathematische Beobachtung)**.** Als »(mathematische) Beobachtung« bezeichnen wir im folgenden Aussagen, die sich durch geduldiges Nachrechnen bestätigen; man könnte statt von Beobachtung auch wie *Mayr* in [24] auf S. 436 von »Zufallsfolgerung« sprechen, wodurch plastisch der Charakter einer Beobachtung im hier gemeinten Sinne klar wird. Viele Mathematiker nutzen dieses Wort ganz allgemein für eine Aussage über eine einzelne endliche Struktur, die keine tiefere Einsicht vermittelt: eine Beobachtung ist damit ein mathematischer Satz geringsten Ranges, der allein durch das Prüfen von endlich vielen Fällen bewiesen wird. Statt »beobachten« sagen wir vielfach »ablesen«.

Wir werden dennoch zu Beobachtungen vielfach einen nicht oder nur teilweise auf Nachrechnen beruhenden Beweis angeben, um weitere Einsicht zu gewinnen.

Die endlichen Strukturen, die hier Gegenstand der Beobachtung werden, sind Mondzyklen, genauer der *Meton*ische Zyklus sowie der reguläre und der Gregorianische Epaktenzyklus. □

3 Sonnen- Mond- und Lunisolarjahr

Der *computus paschalis*, die traditionelle Kirchenrechnung, ist die Gesamtheit aller Berechnungen zum Aufstellen des Kalenders einschließlich der kirchlichen Feiertage; gerechnet wird ausschließlich mit ganzen Zahlen. Grundlage des *computus* sind der Julianische Kalender (vgl. Kalenderregel 3.10) und zwecks Berechnung des Osterdatums der jüdische Lunisolarkalender.

Zeitraum	Kürzel
Jahr	A
Monat	M
Tag	D

Tafel 3.1: Einige Kürzel für Zeiträume

Da weder die Umlaufdauer, gemessen in Tagen, der Erde um die Sonne, noch jene des Mondes um die Erde ganzzahlig sind und ebenso wenig natürlich der Quotient dieser beiden Größen, ist die Kirchenrechnung eine ganzzahlige Näherung der Astronomie von Sonne, Erde und Mond.

Die im Altertum und frühen Mittelalter dazu getroffenen Annahmen und Festsetzungen führten im Laufe der Jahrhunderte zu einer derart großen Abweichung von der Wirklichkeit, nämlich den astronomischen Beobachtungen, daß die Gregorianische Kalenderreform notwendig wurde,[1] die ihrerseits Jahrhunderte brauchte, um weitgehend akzeptiert zu werden, es aber bis heute nicht vollständig ist: rechnen doch einige orthodoxe Kirchen noch immer nach dem unreformierten, will sagen Julianischen Kalender.

Die Gründe dieser Ablehnung lagen und liegen wohl eher im Religiösen und Politischen als in wissenschaftlichen Gegenargumenten: man lehnte die Autorität der katholischen Kirche und insbesondere des Papstes ab; aber andrerseits war und ist die katholische Kirche die älteste internationale Organisation und wer anderes als sie hätte in der frühen Neuzeit überhaupt versuchen sollen, eine Kalenderreform durchzusetzen.

Die Annahmen und Festsetzungen des *computus* bezeichnen wir als Kalenderregeln und kennzeichnen sie als solche im Text; sie sind unsere Kalenderaxiome,[2] auf deren Berechtigung eingegangen wird, wenn sie unseren Gegenstand erhellt, ansonsten sei der interessierte Leser auf die einschlägige Literatur verwiesen.

Zunächst definieren wir zwei in der Chronologie benötigte Begriffe (s. z.B. [32], S. 15).

---

[1] Siehe generell [18], aber insbesondere Zitat 8.1.

[2] Im gleichen Sinne, wie die *Newton*schen Trägheitsgesetze als die Axiome der Mechanik bezeichnet werden.

3.1 Definition (Ära und Epoche). Eine *Ära*, auch Zeit- oder Jahresrechnung genannt, ist eine Periode in der Geschichte eines Kulturkreises, für die ein bestimmtes Verfahren der Jahreszählung und Datumsfestlegung gilt. Eine *Epoche* ist der Anfangstag einer Ära, oder, wenn nur Jahre gezählt werden, das Anfangsjahr. □

Der Begriff des Monats geht auf den Umlauf des Mondes um die Erde zurück, wobei die direkt beobachtbare Dauer zwischen dem ersten Licht eines Monats (= Mondes), dem Neulicht, und jenem des unmittelbar darauffolgenden Monats entscheidend ist: Diese Dauer ist die synodische Umlaufdauer des Mondes oder kurz ein *synodischer Monat* oder eine *Lunation*; Mißverständnisse ausgeschlossen, sagen wir statt »Mondmonat« auch »Lunation«, wenn der Unterschied zwischen Sonnen- und Mondmonat betont werden soll. Neulicht und Neumond werden in der Chronologie nicht unterschieden:

3.2 Zitat. *Bach, [1], S. 8:* Unter dem Neumond versteht man im Kalender und in der Chronologie nicht, wie die Astronomen, die wahre Konjunktion der Sonne und des Mondes, die nur zur Zeit einer Sonnenfinsternis mit bloßem Auge beobachtet werden kann (vgl. Thucyd. II, 28), sondern das erste Sichtbarwerden des Mondes; 13 Tage hiernach tritt Vollmond ein, während zwischen der wirklichen Konjunktion und dem Eintreffen des Vollmondes im Durchschnitt 15 Tage liegen. Bezeichnungen: der Neumondstag ist *luna I*, der Vollmondstag *luna XIV* (τεσσαρεσκαιδεκατη, ιδ'), der erste Tag danach *luna XV*, der zweite Tag danach *luna XVI* usw. □

Der synodische Monat versteht sich als die mittlere Zeit von einem Neulicht des Mondes zum nächsten ist und seine Dauer beträgt nach *Zemanek* [32], S. 41

$$(3.3) \qquad\qquad 1\,\mathrm{M}_{syn} = 29,53059\,\mathrm{D};$$

den Index lassen wir künftig weg, wenn keine Mißverständnisse zu befürchten sind.

3.4 Kalenderregel (Aufteilung einer Lunation). Eine Lunation zerfällt in Phasen; wir geben die jeweilige Ordnungszahl innerhalb der 30 und 29 Tage – das Mondalter, s.u. – und den traditionellen Namen an.

Nr.	Phase
1	Neulicht
7	Beginn des 1. Viertels
14	Vollmond
21	Beginn des 3. Viertels
29 (30)	Neumond

Bei Vollmond ist die volle Mondscheibe sichtbar, bei Neumond ist der Mond unsichtbar und bei Neulicht beginnt die Sichel des neuen Mondes sichtbar zu werden.

Die Tage einer Lunation werden traditionell mit *luna I*, *luna II*, usw. bezeichnet.

Das Alter des Mondes ist die Zahl der seit dem unmittelbar vorhergehenden Neulicht vergangenen Tage, wobei der Anfangstag mitzählt: Am Neulichttag ist der Mond damit einen Tag, am Vollmondtag 14 Tage alt; der Begriff wurde im Altertum eingeführt, als man die Länge der Zeitspanne benutzte, um Zeitabstände zu messen; später – schon zur Zeit der Kalenderreform – ging man dazu über, den tatsächlichen Abstand anzugeben. [3]   □

Die Dauer des *tropischen Jahres*, des Zeitraums von einem Frühjahrsbeginn zum nächsten, ist die in der Chronologie benutzte Umlaufdauer der Erde um die Sonne und es gilt nach *Zemanek* [32], S. 22

$$(3.5) \qquad\qquad 1\,\mathrm{A} = 365,2422\,\mathrm{D}.$$

Wir gehen nun darauf ein, wie aus diesen beiden Umlaufdauern in der Zeitrechnung der Völker und Kulturen verschiedene Jahresbegriffe gebildet werden, nämlich das *freie* und *gebundene Mondjahr*, auch *Lunisolarjahr* genannt, sowie das *feste* und *bewegliche Sonnenjahr*, auch *Wandeljahr* genannt; wir folgen im wesentlichen *Ginzel* in [12], I, § 15 S. 62ff.

Das freie Mondjahr steht in keiner Beziehung zum Sonnenjahr, sprich zum Umlauf der Erde um die Sonne. Es geht vielmehr allein vom synodischen Mond aus, dessen Länge - gemessen in Tagen - nicht ganzzahlig ist. Der 29 übersteigenden Teil des synodischen Monats wird mittels Kettenbruchentwicklung in Näherungsbrüche entwickelt, worauf hier nicht weiter eingegangen wird. Der erste Bruch ist $\frac{1}{2}$ und 29-tägige Monate wechseln sich regelmäßig mit 30-tägigen ab; die ersteren werden *hohle* oder auch *ungerade*, die letzteren *volle* oder auch *gerade* Monate genannt.

Um mit den beobachteten Mondphasen synchron zu bleiben, werden ganze Monate eingefügt: man nennt sie Schaltmonate.

Da das freie Mondjahr für unsere Zwecke nur am Rande benötigt wird, gehen wir nicht weiter darauf ein und erläutern erst allgemein den Begriff des *Einschaltens* und wenden dieses Verfahren auf die noch nicht behandelten Jahresarten an.

3.6 Zitat. *Ginzel, [12], I, S. 63:* Man   nennt   Einschalten   (*intercalare*, ἐμβάλλειν) das Verfahren, einen vernachlässigten Überschuß in der Jahreslänge, wenn er auf eine volle Zahl von Tagen oder Monaten angewach-

---

[3]Man denke etwa an die noch heute gelegentlich benutzte Bezeichnung »acht Tage« für die siebentägige Woche oder die im christlichen Glaubensbekenntnis vorkommende Aussage über Jesus Christus: »...gekreuziget, gestorben und begraben, niedergefahren zur Hölle *am dritten Tage auferstanden* von den Toten,...«. Gekreuzigt wurde Jesus am Karfreitag und stand am Ostersonntag von den Toten auf, nach antiker Zählung also drei, nach moderner zwei Tage später.

sen ist, wieder einzurechnen. Der eingelegte Monat ist der S c h a l t m o -
n a t (bisweilen handelt es sich nur um S c h a l t t a g e), das Jahr, in welchem die Schaltung stattfindet, das S c h a l t j a h r, zum Unterschiede
vom G e m e i n j a h r. Wird das Einschalten nach gewissen Intervallen
wiederholt, so bilden diese Intervalle den S c h a l t z y k l u s. □

Da Feste in vielen Kulturen stets zur gleichen Jahreszeit gefeiert werden sollen, entwickelte sich das an das Sonnenjahr von ca. 365D gebundene Mondjahr,
da der Anfang des freien Mondjahres durch die Jahreszeiten wandert:

3.7 Zitat. *Ginzel, [12], I, S. 64:* Daher bildete sich frühzeitig im Oriente das
g e b u n d e n e M o n d j a h r (L u n i s o l a r - J a h r), welches die
Umlaufzeiten der Sonne [4] und des Mondes so in der Zeitrechnung aus-
gleicht, daß eine Anzahl ganzer Sonnenjahre zugleich eine Anzahl synodischer Mondmonate umfaßt. □

Zu diesem Zweck gehen wir von den Gleichungen (3.3) und (3.5) aus und
erhalten für beider Verhältnis

$$\frac{A}{M} = \frac{36524220}{2953059} \approx 12{,}36827;$$

es gilt, dieses Verhältnis ganzzahlig anzunähern. Es ist

$$12\,M = 12 \cdot 29{,}53059\,D$$
$$= 354{,}36708\,D,$$

so daß die Näherung $12\,M = 1\,A$ untauglich ist; das klassische Mittel, das
Verhältnis großer ganzer Zahlen mittels kleinerer anzunähern, ist es, die Ket-
tenbruchentwicklung vor der ersten größeren Zahl abzubrechen, s. Tafel 3.2.
Wir erhalten damit

(3.8)
$$\frac{A}{M} = 12 + \cfrac{1}{2 + \cfrac{1}{1 + \cfrac{1}{2 + \cfrac{1}{2}}}} = \frac{235}{19} = 12 + \frac{7}{19},$$

was zur Kalenderregel 3.9 führt:

3.9 Kalenderregel (Mondzirkel, *Meton*ische Periode)**.** 19 Jahre bilden den
Mondzirkel von 235 Monaten.

$$19\,A = 235\,M$$

Weitere Namen des Mondzirkels sind *circulus* oder *cyclus lunaris*. □

---

[4]Ginzel bezweifelt im Zitat 3.7 sicher nicht das Kopernikanische Weltbild: offensichtlich
  ist es für die Zwecke der Chronologie und Komputistik gleichgültig, welcher von zwei
  Himmelskörpern sich um den anderen bewegt, es kommt auf die scheinbare Bewegung
  an.

$$\frac{365,24220}{29,53059} = 12 + \cfrac{1}{2 + \cfrac{1}{1 + \cfrac{1}{2 + \cfrac{1}{1 + \cfrac{1}{1 + \cfrac{1}{17 + \cfrac{1}{3 + \cfrac{1}{6 + \cfrac{1}{2 + \cfrac{1}{1 + \cfrac{1}{2 + \cfrac{1}{1 + \cfrac{1}{1 + \cfrac{1}{7}}}}}}}}}}}}}$$

k	x_k	p_k	q_k
0	12	12	1
1	2	25	2
2	1	37	3
3	2	99	8
4	1	136	11
5	1	235	19
6	17	4131	334
7	3	12628	1021
8	6	79899	6460
9	2	172426	13941
10	1	252325	20401
11	2	677076	54743
12	1	929401	75144
13	1	1606477	129887
14	7	12174740	984353

Das Verhältnis der Länge des tropischen Jahres von 365,24220D zu jener des synodischen Mondes von 29,53059D wird in einen Kettenbruch entwickelt; die links stehende Tabelle gibt neben den Variablen x_k der Kettenbruchentwicklung auch die Zähler p_k und Nenner q_k der Näherungsbrüche an.

Die christlichen Kalender, sprich der Julianische und der Gregorianische, nutzen, auf die Babylonier zurückgehend, den Wert für $k = 5$, d.h. $\frac{235}{19} = 12\frac{7}{19}$.

Tafel 3.2: Das Verhältnis der Umlaufdauern von Erde und Mond

$$365,2422 = [365,4,7,1,3,4,1,1,1,2]$$

$$= 365 + \cfrac{1}{4 + \cfrac{1}{7 + \cfrac{1}{1 + \cfrac{1}{3 + \cfrac{1}{4 + \cfrac{1}{1 + \cfrac{1}{1 + \cfrac{1}{1 + \cfrac{1}{2}}}}}}}}}$$

Näherungsbrüche von 365,2422				Näherungsbrüche von 0,2422			
k	x_k	p_k	q_k	k	x_k	p_k	q_k
0	365	365	1	0	0	0	1
1	4	1461	4	1	4	1	4
2	7	10592	29	2	7	7	29
3	1	12053	33	3	1	8	33
4	3	46751	128	4	3	31	128
5	4	199057	545	5	4	132	545
6	1	245808	673	6	1	163	673
7	1	444865	1218	7	1	295	1218
8	1	690673	1891	8	1	458	1891
9	2	1826211	5000	9	2	1211	5000

Tafel 3.3: Die Kettenbruchentwicklung des tropischen Jahres

Das Wort »Jahr« kann in Regel 3.9 sowohl als Sonnen- wie auch als Mond-jahr aufgefaßt werden, wie ausgeführt werden wird.

Wegen der Gleichungen (3.3) und (3.5) ergibt die Kalenderregel 3.9 die guten Näherungen

$$19\,\text{A} = 6939,75\,\text{D}$$

und

$$235\,\text{M} = 6939,69\,\text{D},$$

die schon babylonischen Astronomen ab etwa 747 v.Chr. bekannt warten.

Auf Grund der seinerzeitigen Beobachtungsgenauigkeit hielten die Babylonier die Regel 3.9 aber nicht für eine Näherung, sondern für eine Gleichung; dieser Standpunkt wurde von vielen späteren Generationen solange beibehalten, bis der Kalender soweit von den astronomischen Beobachtungen abwich, daß man ihn reformieren mußte, was durch die Gregorianische Kalenderreform geschah.

Das *bewegliche Sonnenjahr (= Wandeljahr)* besteht unveränderlich aus 365D ohne jeden Schalttag und sein Anfang bewegt sich wie jener des freien Mond-jahrs durch alle Jahreszeiten und zwar in ungefähr 1500 Jahren (*Ginzel* [12], I, S. 65); die alten Ägypter hatten ein solches Jahr, für uns ist es allein im

Kapitel 13 relevant, ohne daß es dabei auf das Wandern durch die Jahreszeiten ankommt: Die im folgenden wichtigen Zyklen, nämlich der *Meton*ische Mondzirkel, der reguläre und der *Lilius*sche Epaktenzyklus, verwenden die unveränderliche Sonnenjahreslänge von 365 Tagen und im genannten Abschnitt wird die dadurch bestimmte Variante des Julianischen Lunisolarkalenders benutzt.

Sowohl der Julianische wie auch der Gregorianische Kalender verwenden ein *festes Sonnenjahr*, »welches möglichst mit der faktischen tropischen Sonnenbewegung übereinstimmt« (*Ginzel* a.a.O.): zu diesem Zweck muß man Tage einschalten; wieviele ergibt sich aus der Kettenbruchentwicklung des tropischen Jahres, genauer aus jener des 365 übersteigenden Anteils, s. Tafel 3.3. Verwendet man den Wert für $k = 1$, so ist ein Sonnenjahr für die Zwecke der Komputistik $365\frac{1}{4}$ Tage lang. Da nur mit ganzen Zahlen gerechnet wird, ergibt sich ein Gemeinjahr von 365 Tagen und ein Schaltjahr von 366 Tagen, und zwar alle 4 Jahre, da der Überschuß von $\frac{1}{4}$ Tagen/Jahr in diesem Zeitraum auf einen Tag gewachsen ist.

3.10 Kalenderregel (Julianischer Kalender). Der Julianische Kalender – eingeführt von *Julius Caesar*, nach dem er benannt ist – teilt das Jahr in die noch heute üblichen Monate Januar bis Dezember der bekannten Längen; der Schaltmonat ist der Februar, der in Schaltjahren von 366 Tagen 29, sonst, d.h. in Gemein- oder Säkularjahren von 365 Tagen, nur 28 Tage dauert. Schaltjahre sind in der christlichen Ära die durch vier teilbaren Jahre (Julianische Schaltregel der christlichen Ära). Die Jahreslänge wird genähert mit

$$1 A_J = 365, 25 D$$

angenommen.

Der Julianische Kalender wurde zum Gregorianischen fortentwickelt, s. die Kalenderregel 8.2. Den Julianischen Kalender nennt man auch den Kalender alten Stils, den Gregorianischen den neuen Stils. □

Aus Gleichung (3.8) wissen wir, daß ein Julianisches Sonnenjahr $12\frac{7}{19}$ Mondmonate, sprich Lunationen, enthält; setzt man ein Mondjahr also mit 12 Mondmonaten an, so fehlen pro Jahr $\frac{7}{19}$ Monate. [5] Dieser Fehler wächst in 19 Jahren auf 7 Monate an, d.h. die *Meton*ische Periode enthält 7 Mondschaltjahre (*anni embolismalis* oder *embolismales*) mit je einem Schaltmonat (*mensis embolismalis* oder *embolismales* sowie *embolismeus*, in Kalendern auch *embolismus*). Die Dauer der Schaltmonate beträgt in der Bilanz sechsmal 30 und einmal 29 Tage, s. Kalenderregel 3.11 und die gemeinen Mondjahre bestehen abwechselnd aus vollen und hohlen Mondmonaten wie die freien Mondjahre, s. S. 19.

Im Mittelalter wurde der *cyclus lunaris* dazu verwandt, zu jedem Kalendertag – oder synonym dazu Datum – die genäherte Mondphase anzugeben, wozu der Mondzirkel auf dem Zeitstrahl abgerollt wurde, auf die Einzelheiten

---

[5]Wenn keine Verwechslungen zu befürchten sind, so sprechen wir kurz von Monaten statt von Sonnen- oder Mondmonaten. Statt »Mondmonat« wird auch einfach »Mond« gesagt.

gehen wir im nächsten Abschnitt ein; man erhält dann folgende Tagesbilanz der Sonnen- und Mondjahre:

3.11 Kalenderregel (Tagesbilanz des Mondzirkels). Es ergibt sich Tagesbilanz wie auf Tafel 3.4 auf der nächsten Seite dargestellt. Hätte man alle 7 Mondschaltmonate zu je 30 Tagen angesetzt, wäre die Bilanz falsch; man müßte also einen Tag unterdrücken und nannte die Stelle, an der dies geschah, den Mondsprung (*saltus lunae*): die *luna paschalis*, der Mond des astronomisch-mathematischen Modells von Erde, Mond und Sonne genannt *computus paschalis*, überspringt einen Tag und bewegt sich dadurch schneller.

In Kapitel 4 werden wir sehen, daß der Mondsprung nicht in einen Schaltmonat gelegt wurde: wie *Ginzel* in [12], III, S. 135 schreibt, herrschte über die Lage des *saltus lunae* unter den mittelalterlichen Komputisten keine einheitliche Auffassung, und auch hier erweist sich der *cyclus lunaris*, wichtigstes Teilstück des *computus paschalis*, als eine von Menschenhand und -kopf konstruierte Näherung der astronomischen Verhältnisse, auch wenn vielfach religiöse Überlegungen einflossen; es kommt ja allein auf die korrekte Tagesbilanz an und darauf, den Mondzirkel derart zu konstruieren, daß sich der Frühlingsvollmond leicht berechnet.

In [18] wird auf S. 318 belegt, man habe schon um das Jahr 1345 beobachtet, daß die Sonnenschaltjahre in verschiedenen neunzehnjährigen Zyklen verschiedene Stellungen haben. □

3.12 Bemerkung (Sonnenschaltjahre im *Meton*ischen Zyklus). Um zu zeigen, daß sich jedes Jahr des Mondzirkels mit jedem Jahr des Julianischen Schaltzyklus kombiniert, man also nicht aus der Stellung eines Jahres in ersterem darauf schließen kann, ob es ein Julianisches Schaltjahr ist, läßt sich statt mit dem chinesischen Restsatz auch direkt argumentieren und man hat dann zugleich einen Algorithmus angegeben.

Seien also $u \in [0, 18] \cap \mathbb{Z}$ und $v \in [0, 3] \cap \mathbb{Z}$ Reste mod 19 und mod 4. Dann ist ein Jahr $j \in \mathbb{N} \setminus \{0\}$ gesucht mit

$$(3.13) \qquad j \equiv u \pmod{19} \text{ und } j \equiv v \pmod 4.$$

Wir nutzen die Vielfachensummendarstellung (B.3). Die Kongruenzen 3.13 erfüllt also nicht nur $5 \cdot 4u - 19v$, sondern wegen $76 = 4 \cdot 19 = \mathrm{kgV}(4, 19)$ auch

$$(3.14) \qquad j := (20u - 19v) \bmod 76$$

und wir erhalten insgesamt

$$(3.15) \qquad \left.\begin{array}{l} j + 76n \equiv u \pmod{19} \\ j + 76n \equiv u \pmod 4 \end{array}\right\} \text{ für alle } n \in \mathbb{Z}. \quad \square$$

Zur Vereinfachung der Sprechweise verabreden wir:

Sonnenjahre	Mondjahre	
	$19 \cdot 6 \cdot (30 + 29)$ = 6726,00D	19 gemeine Mondjahre
	$6 \cdot 30 + 29$D = 209,00D	7 Mondschaltmonate
	4,75D	Julian. Schalttage
$19 \cdot 365,25$D = 6939,75D	6939,75D	

Tafel 3.4: Die Tagesbilanz des Mondzirkels.

Es werde bereits hier erwähnt, daß die Sonnenschalttage lediglich in der Bilanz des Mondzirkels auftreten, in Kapitel 4 aber keinem Sonnenjahr zugeordnet werden; aus der Stellung eines Jahres des Julianischen Kalenders im Zirkel kann nämlich nicht darauf geschlossen werden, ob es einen Sonnenschalttag enthalten muß oder auch nicht: Die Julianischen Schaltperiode ist 4 Jahre, die *Metonische* 19 Jahre lang, und beide Zahlen sind teilerfremd, so daß sich jede Stellung im Julianischen Schaltzyklus mit jeder im Mondzirkel aufgrund des chinesischen Restsatzes der Zahlentheorie im Laufe von $19 \cdot 4 = 76$ Jahren kombiniert (Man beachte bitte Bemerkung 3.12). Die Julianischen Sonnenschalttage (*dies embolismales*) müssen natürlich eingefügt werden, wenn der Mondzirkel in Kalendarien auf der Zeitachse abgerollt wird, was unser Thema aber nicht berührt.

25

3.16 Definition (Zugehöriges Mond- und Sonnenjahr). Zu jedem Datum heißt das Mondjahr, in dem es liegt, das zugehörige Mondjahr und das Sonnenjahr, in dem es liegt, das zugehörige Sonnenjahr; gelegentlich lassen wir »zugehörig« weg und benutzen nur den Genitiv. □

4 Die Struktur des Mondzirkels alten Stils

Wurde in Kalenderregel 3.11 die »Bruttoformel« des Mondzirkels aufgestellt, so geht es jetzt um seine »Strukturformel«, d.h.

- die Art und Weise, wie er in Sonnen- und in Mondjahre aufgeteilt ist und

- wie die Mondphasen mit seiner Hilfe bestimmt werden,

- um schließlich das Datum des Frühlingsvollmonds zu berechnen.

Es stellen sich damit folgende Fragen: [1]

1. Wie bestimmt sich die Stellung eines gegebenen Julianischen Jahres der christlichen Ära im Mondzirkel?

2. Nach welcher Vorschrift, nach welchem Algorithmus, werden die Neumondtage, die Anfangstage der Mondmonate, Julianischen Kalenderdaten, sprich Kalendertagen, zugeordnet?

3. Wo werden die Mondschaltmonate eingefügt?

4. Wo wird der Mondsprung plaziert?

Die Antworten der Fragen versuchen wir aus den Schriften von *Ginzel*, *Grotefend*, *Sickel* und *Bach* zu kompilieren. [2]

4.1 Zitat. *Sickel, [29], S. 169:* Und indem zu letzterem Behufe[3] *Dionysius Exiguus* die Alexandrinische Methode, jene „nicht so sehr auf menschlichem Wissen, als auf der Eingebung durch den heiligen Geist beruhenden" Grundsätze der abendländischen Kirche zu empfehlen sich zur Aufgabe gemacht hatte, genügte es in Bezug auf die in cyklischer Ordnung wiederkehrenden Anfänge des Osterjahres der kirchlichen Epoche, wie sie im Orient festgestellt wurde, Eingang zu verschaffen. □

---

[1] Die Fragen drängen sich jedem auf, der an dem Thema ernsthaft interessiert ist, vgl. etwa *Sickels* Fragenliste auf S. 168 seiner Abhandlung [29].

[2] ... nicht im Sinne der Informatik verstanden, sondern im mittelalterlichen Sprachgebrauch als »zusammentragen, sammeln«.

[3] – dem richtigen Feststellen des Ostermonats –

Auf Grund dieses Zitats können wir nicht erwarten, daß es uns gelingen werde, die obigen Fragen vollständig und umfassend zu beantworten; wie schon in Kapitel 1 ausgeführt, stellen wir uns dennoch der Aufgabe, möglichst viele Eigenschaften den Mondzirkels als kanonisch zu erkennen. [4]

4.2 Zitat. *Ginzel, [12], III, S. 135:* Bei der Wahl der Epoche des Mondzyklus kam in Betracht, in welchem Monat man vorzugsweise den Anfang des Mondjahres fallen lassen wollte. Aus der jüdischen Osterrechnung bürgerte sich der Gebrauch ein, als Mondjahr-Anfang den Monat zu betrachten, in welchen das Osterfest fiel. *Dionysius* Exiguus sowohl wie *Beda* verstehen unter dem Anfange des Mondjahres nur den Paschamonat. Ersterer nimmt als ersten Jahrestag *luna XV paschalis* (Vollmond) [5] des Ostermonats, *Beda* hingegen *luna I* (Neumond, novilunium) als Anfang. □

4.3 Kalenderregel (Astronomisches Justieren des Mondzirkels). Am 28. August 284 trat in Alexandrien der Neumond ein, ebenso am 23. März 285 ([12], III., S. 135f.).

In der Zeit, als der Mondzyklus im 3. Jahrhundert n.Chr. aufgestellt wurde, war die Frühlingstagundnachtgleiche, das Frühlingsäquinoktium, am 21. März ([1], S. 12, S. 29, Fußnote 1). □

Die Stellung eines Kalenderjahres im wird durch eine ganze Zahl zwischen 1 und 19 bezeichnet, die goldene Zahl [= LAT. *numerus aureus*] genannt wird, und dies nicht etwa deshalb, weil sie im Mittelalter vielfach golfarben gedruckt wurde, sondern ihrer Bedeutung in der Komputistik wegen ([15], S. 75). Ausgangspunkt ist der 23. März des Jahres 285 n.Chr., der Tag des Frühlingsäquinoktiums, das Jahr 285 n.Chr. erhält somit die Nummer 1; da $285 = 15 \cdot 19$ ist, liegt die gleiche Situation im Jahre 0, sprich im Jahre 1 v.Chr. vor, weshalb gilt:

4.4 Kalenderregel (Sonnen- und Mondjahr im Julianischen Kalender). Für Jahre j der Christlichen Ära bestimmt sich die (abendländische) goldene Zahl [= LAT. *numerus aureus*] durch

$$\mathrm{GZ}(j) = (j \bmod 19) + 1;$$

sie gibt die Stellung des Jahres im Mondzirkel an. In Jahren der goldenen Zahl 1 fällt das Frühlingsneulicht auf den 23. März.

Die Menge der goldenen Zahlen bezeichnen wir mit $\mathbb{G} = [1, 19] \cap \mathbb{Z}$. □

Bevor wir die Struktur des Mondzirkels weiter entwickeln stellen wir fest:

---

[4]Zwischen den drei Autoren *Ginzel*, *Grotefend* und *Bach* gibt es sowohl einander widersprechende Angaben zu den weiter unten eingeführten goldenen Zahlen und der Numerierung der Mondjahre, wie sich auch *Ginzel* und *Bach* an einigen Stellen selber widersprechen; wir gehen auf diese Punkte nicht ein, erwähnen diese mißliche Tatsache lediglich der guten Ordnung halber, falls ein Leser die Quellen prüft.

[5]Hier ist *Ginzel* ungenau, *luna quinta decima paschalis* ist der Tag nach dem Vollmond, vgl. *Bach* [1] S. 22, Fußnote 2.

Monats-tag	I	II	III	IV	V	VI	VII	VIII	IX	X	XI	XII	
1	3	·	3	·	11	·	**19**	9	17	17	·	·	1
2	·	11	·	11	·	19	8	·17	·6	6	·14	{·3 / 14}	2
3	11	19	11	·	19	8	·	6	·	14	3	·	3
4	·	8	·	19	8	16	16	·	14	3	·	·11	4
5	19	·	·19	8	·	5	5	14	3	·	11	·	5
6	8	16	·8	16	16	·	·	3	·	11	·	19	6
7	·	5	·	5	5	13	13	·	11	·	19	8	7
8	16	·	16	·	·	2	2	11	·	19	8	·	8
9	5	13	5	13	13	·	·	·	19	8	·	16	9
10	·	2	·	2	2	10	10	19	8	·	16	5	10
11	13	·	13	·	·	·	·	8	·	16	5	·	11
12	2	10	2	10	10	18	18	·	16	5	·	13	12
13	·	·	·	·	·	7	7	16	5	·	13	2	13
14	10	18	10	18	18	·	·	5	·	13	2	·	14
15	·	7	·	7	7	15	15	·	13	2	·	10	15
16	18	·	18	·	·	4	4	13	2	·	10	·	16
17	7	15	7	15	15	·	·	2	·	10	·	18	17
18	·	4	·	4	4	12	12	·	10	·	18	7	18
19	15	·	15	·	·	1	1	10	·	18	7	·	19
20	4	12	4	12	12	·	·	·	18	7	·	15	20
21	·	1	·	1	1	9	9	18	7	·	15	4	21
22	12	·	12	·	·	·	·	7	·	15	4	·	22
23	1	9	1	9	9	17	17	·	15	4	·	12	23
24	·	·	·	·	·	6	6	15	4	·	12	1	24
25	9	17	9	17	17	·	·	4	·	12	1	·	25
26	·	6	·	6	6	14	14	·	12	1	·	9	26
27	17	·	17	·	·	3	3	12	1	·	9	·	27
28	6	14	6	14	14	·	·	1	·	9	·	17	28
29	·	–	·	3	3	11	11	·	9	·	17	6	29
30	14	–	14	·	·	·	19	9	·	17	6	·	30
31	3	–	3	–	11	–	·	·	–	6	–	14	31
	I	II	III	IV	V	VI	VII	VIII	IX	X	XI	XII	

Tafel 4.1: Das zyklische Neulicht alten Stils des Alexandrinischen Mondzyklus mit Alexandrinischen *numeri aurei*. Einrichtung: Die Neulichttage der hohlen, ungeraden Mondmonate sind unterstrichen, den Schaltmonaten ist ein Punkt vorangestellt und der Monat des *saltus lunae* **fett** ist gedruckt.

4.5 Kalenderregel. (Berechnung der Neulicht-Tafeln alten Stils) Die Neulicht-Tafeln 4.1, 4.2, 4.3 und 4.4 berechnen sich nach einem Algorithmus, der auf

- der Epoche des Mondzirkels,

- der Angabe, ob der erste Mondmonat, die erste Lunation, gerade oder ungerade ist und

- den Mondschaltmonaten, gegeben durch Kalendertag und -monat ihres Beginns sowie die goldene Zahl und ferner auf

- dem auf die gleiche Weise gegebenen (*saltus lunae*)

beruht.

Die obigen Angaben berücksichtigend, werden gerade und ungerade Lunationen (s. S. 19) abgewechselt und die Schaltmonate und der Mondsprung eingefügt. Der Kalendermonat Februar wird stets mit 28D Dauer angesetzt, da mittels der goldenen Zahl nicht entschieden werden kann, ob ein Julianisches (Sonnen-)Schaltjahr vorliegt, vgl. S. 25.

Der Algorithmus wurde mittels in der Programmiersprache JAVA geschriebener Software implementiert; es wurden nicht nur die genannten Tafeln berechnet, sondern ebenso wurde deren LaTeX-Kode generiert. □

Im folgenden unterscheiden wir zwei verschiedene Arten von Mondjahren: Die eine Art ist das Osterjahr, welches nach *Beda* ([12], III, S. 135; [15] S. 128; [29] S. 170) am Tage *luna I* jener Lunation beginnt, deren Vollmondtag, *luna XIV*, der Frühlingsvollmond, sprich die Ostergrenze, ist; *Beda* nennt (*Ginzel* a.a.O.; [15], Anmerkung 76) ein solches Jahr *annus secundum lunam*.

Die andere Art ist das durch die goldene Zahl gegebene abendländische Lunisolarjahr, nach *Beda annus secundum solem* genannt (a.a.O.). *Grotefend* spricht a.a.O. vom an das römisch-julianische Sonnenjahr akkommodierte (= angepaßte) Dezember-Mondjahr, dessen Epoche jene des Mondzirkels ist, also der schon erwähnte 24.12.XIX; auch *Sickel* benutzt diesen Begriff:

4.6 Zitat. *Sickel, [29], S. 171f.:* Bei *Dionysius* und *Beda* findet sich nun allerdings noch eine andere Mondjahresepoche, die Epoche des dem Sonnenjahr accommodirten Mondjahres. Es war unausbleiblich, dass beide Jahresformen mit einander verglichen wurden und dass das in seiner Dauer und seinen Anfängen wandelbare lunare Jahr in das feste, vollständig eingebürgerte solare soweit eingefügt wurde, als es ohne Verletzung des ihm inwohnenden Princips geschehen konnte. So entstanden als Ausschnitte derselben Enneakaedekaëteris[6] Mondjahre, deren Anfänge möglichst in die Nähe des bürgerlichen Neujahres gebracht wurden, und welche möglichst mit den Sonnenjahren parallel laufend und mit ihnen gezählt, doch immer noch als Theile des Osterkreises erschienen und auch als solche gezählt wurden. ...

---

[6] ...auch »Enneakaidekaëteris« geschrieben ist das griechische Wort für Mondzirkel.

Num. aur.	Aug.	Sept.	Okt.	Nov.	Dez.	Jan.	Febr.	März	April	Mai	Juni	Juli
I	28	27	26	25	24	23	21	23	21	21	19	19
II	17	16	15	14	13	12	10	12	10	10	8	8
III	6	5	4	3	**2**	1 u. 31	–	1 u. 31	29	29	27	27
IV	25	24	23	22	21	20	18	20	18	18	16	16
V	14	13	12	11	10	9	7	9	7	7	5	5
VI	3	**2**	2 u. 31	30	29	28	26	28	26	26	24	24
VII	22	21	20	19	18	17	15	17	15	15	13	13
VIII	11	10	9	8	7	6	4	**6**	5	4	3	2
IX	1 u. 30	29	28	27	26	25	23	25	23	23	21	21
X	19	18	17	16	15	14	12	14	12	12	10	10
XI	8	7	6	5	**4**	3	2	3	2	1 u. 31	29	29
XII	27	26	25	24	23	22	20	22	20	20	18	18
XIII	16	15	14	13	12	11	9	11	9	9	7	7
XIV	5	4	3	**2**	2 u. 31	30	28	30	28	28	26	26
XV	24	23	22	21	20	19	17	19	17	17	15	15
XVI	13	12	11	10	9	8	6	8	6	6	4	4
XVII	**2**	1	1 u. 30	29	28	27	25	27	25	25	23	23
XVIII	21	20	19	18	17	16	14	16	14	14	12	12
XIX	10	9	8	7	6	5	3	**5**	4	3	2	1 u. 30

Tafel 4.2: Das zyklische Neulicht alten Stils des Alexandrinischen Mondzyklus mit Alexandrinischen *numeri aurei*. Die Schaltmonate sind **fett** gedruckt und der Monat des *saltus lunae* ist unterstrichen.

Ausdrücklich sagt *Beda*, dass die Römer darin von den Hebräern abweichen, dass sie eine vom Novilunium des Januarmondes beginnende lunare Jahresform angenommen haben [7] , und and anderer Stelle, dass es sich empfiehlt, soweit **[172]** als möglich, alle Zeitrechnung mit dem bürgerlichen Jahresanfang zu beginnen. D i e   Z ä h l u n g   d e r   M o n d j a h r e bei den Computisten l ä s s t   a l s o   j e   n a c h   d e m   Z u s a m m e n - h a n g e, auf den wohl zu achten ist,   e i n e   d o p p e l t e   D e u t u n g z u . Ein sehr verständiger Glossator *Beda*'s [8] unterscheidet desshalb in der Enneakaedekaëteris „anni secundum lunam", d.h. österliche Mondjahre und „anni secundum solem", d.h. dem bürgerlichen accommodirte Mondjahre. □

Verteilen wir als erstes die Lunationen auf die Lunisolarjahre des Alexandrinischen Mondzyklus, auf dem der abendländische aufbaut. Die Alexandriner begannen ihr bürgerliches Jahr am 29. August ([12], III, S. 135) und legten die Epoche ihres Zirkels auf einen Neumond, der diesem Tage so nahe wie möglich kommt, nämlich auf den 28. August 284 n.Chr., wie Regel 4.3 nahe legt; die goldenen Zahlen verschieben sich um neun Monate, die genannte Lunation eröffnet das Alexandrinische Jahr der goldenen Zahl I.

Muß der erste Mondmonat nun hohl oder voll (s. S.19) sein, oder spielt es keine Rolle, wie begonnen wird? Setzen wir voraus, daß im 1. Mondjahr kein Schaltmonat zu berücksichtigen ist: [9] egal wie man dann die Lunationsfolge eröffnet, $118 = 2 \cdot 59$ Tage nach dem 28. August I ist erneut Neulicht; man ist dann am 24. Dezember angelangt. Andererseits ist 59 Tage vor dem 23. März, d.h. am 23. Januar, ebenfalls Neulicht: also muß die am 24. Dezember beginnende Lunation 30 Tage dauern, mithin auch jede eine gerade Anzahl von Lunationen frühere, damit insbesondere die erste des Mondzirkels. Ebenso ist der am 23.03.I beginnende Mondmonat hohl.

Eröffnet man den Alexandrinischen Mondzirkel also am 28. August I mit einer vollen Lunation [10] und rechnet wie in Regel 4.5 erklärt, so erhält man die Tafeln 4.1 und 4.2, wenn man die von *Ginzel* angegebenen Schaltmonate und den Tag des Mondsprungs ([12], III, S. 137 und S. 135) eingibt. Die vorgegebenen Schaltmonate und der vorgegebene Tag des *saltus lunae* passen damit genau in die Folge der hohlen und vollen Mondmonate. [11] Das christliche beginnt am 25.12., dem 1. Weihnachtstag, und am Heiligen Abend beginnt, wie

---

[7][Fußnote 4) bei *Sickel* auf S. 171, in der er *Beda-Giles* 6 zitiert] L.c. 220 „(annus lunaris) apud Romanos ab incipiente luna mensis januarii sumit initium ibique terminatur."

[8][Fußnote 2) bei *Sickel* auf S. 172] Der Glossator der Melker Handschrift, dem ich das Kalendarium Autissiod. entnehme.

[9]In [29], S. 180 wird gefordert, jeder lunisolare Zyklus beginne mit einem Gemeinjahr und schließe mit einem Schaltjahr.

[10]Gemäß einer anderen Stelle, nämlich [12], III, S. 221, kann man auch damit beginnen, daß Jahr der abendländischen goldenen Zahl I am 23. Januar mit einer hohlen Lunation zu eröffnen.

[11]Sowohl *Ginzel* wie auch *Grotefend* geben sowohl den 29. August wie auch den 1. September als Alexandrinischen Jahresbeginn an. Startet man die obige Rechnung aber im September, so passen die vorausgesetzten Schaltmonate nicht in die Reihe: der 2. August XVII wird dann nämlich zum 2. August XVI; für uns ist es letztlich gleichgültig, welches

Monats-tag	Sonnen-monat												Monats-tag
	I	II	III	IV	V	VI	VII	VIII	IX	X	XI	XII	
1	3	·	3	·	11	·	19	<u>8</u>	16	<u>16</u>	·	{·2	1
2	·	<u>11</u>	·	<u>11</u>	·	<u>19</u>	8	·16	·5	<u>5</u>	·13	<u>13</u>}	2
3	11	19	11	·	19	<u>8</u>	·	5	·	13	<u>2</u>	·	3
4	·	8	·	<u>19</u>	8	16	<u>16</u>	·	13	2	·	·10	4
5	<u>19</u>	·	·<u>19</u>	<u>8</u>	·	5	<u>5</u>	13	<u>2</u>	·	10	·	5
6	<u>8</u>	16	·<u>8</u>	16	<u>16</u>	·	·	2	·	10	·	18	6
7	·	5	·	5	<u>5</u>	13	<u>13</u>	·	<u>10</u>	·	18	7	7
8	<u>16</u>	·	16	·	·	2	<u>2</u>	10	·	18	<u>7</u>	·	8
9	<u>5</u>	13	<u>5</u>	13	<u>13</u>	·	·	·	<u>18</u>	7	·	15	9
10	·	2	·	2	<u>2</u>	10	<u>10</u>	18	<u>7</u>	·	<u>15</u>	4	10
11	<u>13</u>	·	<u>13</u>	·	·	·	·	7	·	15	<u>4</u>	·	11
12	<u>2</u>	10	<u>2</u>	10	<u>10</u>	18	<u>18</u>	·	<u>15</u>	4	·	12	12
13	·	·	·	·	·	7	<u>7</u>	15	<u>4</u>	·	<u>12</u>	1	13
14	<u>10</u>	18	<u>10</u>	18	<u>18</u>	·	·	4	·	12	<u>1</u>	·	14
15	·	7	·	7	<u>7</u>	15	<u>15</u>	·	<u>12</u>	1	·	9	15
16	<u>18</u>	·	<u>18</u>	·	·	4	<u>4</u>	12	<u>1</u>	·	9	·	16
17	<u>7</u>	15	<u>7</u>	15	<u>15</u>	·	·	1	·	9	·	17	17
18	·	4	·	4	<u>4</u>	12	<u>12</u>	·	<u>9</u>	·	<u>17</u>	6	18
19	<u>15</u>	·	15	·	·	1	<u>1</u>	9	·	17	<u>6</u>	·	19
20	<u>4</u>	12	<u>4</u>	12	<u>12</u>	·	·	·	<u>17</u>	6	·	14	20
21	·	1	·	1	<u>1</u>	9	<u>9</u>	17	<u>6</u>	·	<u>14</u>	3	21
22	<u>12</u>	·	<u>12</u>	·	·	·	·	6	·	14	<u>3</u>	·	22
23	<u>1</u>	9	<u>1</u>	9	<u>9</u>	17	<u>17</u>	·	<u>14</u>	3	·	11	23
24	·	·	·	·	·	6	<u>6</u>	14	<u>3</u>	·	<u>11</u>	19	24
25	<u>9</u>	17	<u>9</u>	17	<u>17</u>	·	·	3	·	11	<u>19</u>	·	25
26	·	6	·	6	<u>6</u>	14	<u>14</u>	·	<u>11</u>	·	·	8	26
27	<u>17</u>	·	<u>17</u>	·	·	3	<u>3</u>	11	·	**19**	<u>8</u>	·	27
28	<u>6</u>	14	<u>6</u>	14	<u>14</u>	·	·	·	19	8	·	16	28
29	·	−	·	3	<u>3</u>	11	<u>11</u>	19	<u>8</u>	·	<u>16</u>	5	29
30	<u>14</u>	−	<u>14</u>	·	·	·	·	8	·	16	<u>5</u>	·	30
31	<u>3</u>	−	<u>3</u>	−	11	−	19	·	−	5	−	13	31
	I	II	III	IV	V	VI	VII	VIII	IX	X	XI	XII	

Tafel 4.3: Das zyklische Neulicht alten Stils des abendländischen Mondzirkels nach *Grotefend* [16], S. 137. Einrichtung: Die Neulichttage der hohlen, ungeraden Mondmonate sind unterstrichen, den Schaltmonaten ist ein Punkt vorangestellt und *Grotefend* ergänzend, ist der Monat des *saltus lunae* **fett** gedruckt.

Num. aur.	Jan.	Febr.	März	April	Mai	Juni	Juli	Aug.	Sept.	Okt.	Nov.	Dez.
I	23	21	23	21	21	19	19	17	16	15	14	13
II	12	10	12	10	10	8	8	6	5	4	3	**2**
III	1 u. 31	–	1 u. 31	29	29	27	27	25	24	23	22	21
IV	20	18	20	18	18	16	16	14	13	12	11	10
V	9	7	9	7	7	5	5	3	**2**	2 u. 31	30	29
VI	28	26	28	26	26	24	24	22	21	20	19	18
VII	17	15	17	15	15	13	13	11	10	9	8	7
VIII	6	4	**6**	5	4	3	2	1 u. 30	29	28	27	26
IX	25	23	25	23	23	21	21	19	18	17	16	15
X	14	12	14	12	12	10	10	8	7	6	5	**4**
XI	3	2	3	2	1 u. 31	29	29	27	26	25	24	23
XII	22	20	22	20	20	18	18	16	15	14	13	12
XIII	11	9	11	9	9	7	7	5	4	3	**2**	2 u. 31
XIV	30	28	30	28	28	26	26	24	23	22	21	20
XV	19	17	19	17	17	15	15	13	12	11	10	9
XVI	8	6	8	6	6	4	4	**2**	1	1 u. 30	29	28
XVII	27	25	27	25	25	23	23	21	20	19	18	17
XVIII	16	14	16	14	14	12	12	10	9	8	7	6
XIX	5	3	**5**	4	3	2	1 u. 31	29	28	<u>27</u>	25	24

Tafel 4.4: Das zyklische Neulicht alten Stils des abendländischen Mondzirkels nach *Ginzel* [12] III, S. 136; s. den laufenden Text wegen einer Abweichung. Die Schaltmonate sind **fett** gedruckt und *Ginzel* ergänzend, wurde der Monat des *saltus lunae* unterstrichen.

34

wir gerade erkannt haben, eine volle Lunation; den abendländischen, christlichen Mondzirkel ließ *Dionysius* daher am 24.12.XIX, nicht etwa am 24.12.I, beginnen, damit der Frühlingsvollmond des Jahres I auf den 23.3. falle; die Schaltmonate beginnen an den gleichen Tagen wie bei den Alexandrinern, allein es verschieben sich für Schaltmonate die goldenen Zahlen, s. *Ginzel* a.a.O.; der Mond springt allerdings an einem anderen Tag. Rechnet man wieder wie in Regel 4.5 erklärt, so erhält man die Tafeln 4.3 und 4.4. Die vorgegebenen Schaltmonate und der vorgegebene Tag des *saltus lunae* passen damit erneut genau in die Folge der hohlen und vollen Mondmonate; im folgenden ist stets der abendländische Mondzirkel gemeint, wenn es nicht ausdrücklich anders angegeben wird.

Eine Abweichung zu *Ginzel*s originaler Tafel bleibt zu erläutern, da er ein Neulicht am 2.12.XIII notiert, welches sich durch den geschilderten Algorithmus aber nicht ergibt:

4.7 Zitat. *Ginzel, [12], III, S. 222:* Auf den 2. Dez. treffen, wie man aus Taf. IV sieht, z w e i goldene Zahlen, XIII und II; um dieses Zusammentreffen zu vermeiden, haben *Clavius* und *Ideler* die goldene Zahl XIII auf den 1. Dez. gelegt; manche mittelalterliche Kalender verschieben II auf den 3. Dez. □

Erneut sehen wir, daß der Mondzirkel eben ein Näherungsmodell der astronomischen Verhältnisse zwischen Sonne, Erde und Mond ist, auch wenn *Grotefend* mit dem Verschieben der Lunation nicht einverstanden ist:

4.8 Zitat. *Grotefend, [15], S. 92:* Die Decemberlunation des Jahres II, die zusammen mit XIII auf den 2. December fallen muss, wird von den mittelalterlichen Kalendern und neueren Chronologen - wohl nur aus äusseren Gründen der Anordnung - auf den 3. Dec. gelegt. *Clavius* suchte das Zusammentreffen der zwei Zahlen dadurch zu vermeiden, daß er die Lunation von XIII auf den 1. Dec. schob. Beides ist aber den wahren Verhältnissen des Cyclus nicht entsprechend. □

Vgl. aber auch [12] III, S. 222 und Tafel IV auf S. 424, wo unser Wert angegeben ist, den auch *Grotefend* (Tafel 4.3) – wie erwartet – und *Zemanek* ([32]) angeben.

Es muß erwähnt werden, daß *Clavius* ein deutscher Jesuit und wesentlich an der Gregorianischen Kalenderreform beteiligt war – in [19] wird er auf S. 489 als »Seele des Unternehmens« bezeichnet. Die Verschiebung spielte also keine große Rolle mehr; vielleicht ist sie der Tatsache geschuldet, daß *Clavius* an der Epaktenverschiebung beim Definieren des endgültigen reformierten Epaktenzyklus beteiligt war ([1], S. 37)? Doch hören wir *Sickel*, der Schaltjahre und -monate und damit die Mondmonate insgesamt am gründlichsten von allen herangezogenen Autoren behandelt.

---

der Jahresbeginn ist, da die goldenen Zahlen der Monate März und April, den beiden möglichen Paschamonaten, in beiden Fällen gleich sind.

4.9 Zitat. *Sickel, [29], S. 191f.:* Zum Schlusse noch eine Bemerkung über den D e c e m b e r m o n d i m n u m . a u r . X I I I . *Clavius* [12] hat es verschuldet, dass seit ihm dessen Novilunium zumeist auf den 1. December gesetzt wird. Allerdings kann er sich auf einige Kalendarien des späten Mittelalters berufen; aber dass man auch dem *Beda* diesen Fehler aufzubürden versucht hat [13], beruht nur wieder auf dem Gebrauch angeblich *Beda*'scher Schriften [14]. Denn ein Fehler bleibt es, den immer vollen Novembermond, der in diesem Jahre obendrein embolistisch ist, um 1 Tag zu verkürzen und den immer hohlen Decembermond um einen zu verlängern. *Clavius* bedient sich nämlich der bei *Ideler* 2, 194 ersichtlichen Form des Mondkalenders, und weil es ihm absurd erscheint, dass bei ein und demselben Tage, dem 2. December, zwei goldene Zahlen II und XIII zu stehen kämen, rückt er die zweite um einen Tag vor. Da nun aber diese Art von Mondkalender erst im X. oder XI. Jahrhundert aufgekommen ist, kann der aus ihrer Einrichtung entnommene Grund gar nicht für die frühere Zeit geltend gemacht werden. Andererseits haben die correcteren Kalender auch der letzten Jahrhunderte vor der Gregorianischen Reform **[192]** solchen äusserlichen Umstand viel zu gering angeschlagen, als dass sie gewagt hätten, an der überlieferten Form der *linea angelica* [15] etwas zu ändern [16]. □

In [15], S. 112 wird *linea angelica* als eine auszeichnende Benennung des Mondzyklus erklärt, *Grotefend* verweist direkt auf obige Stelle bei *Sickel*. Das Erwähnen der Engel kann man als weiteren Hinweis darauf deuten, daß man seinerzeit dem Mondzirkel göttlichen Ursprung zuschrieb.

---

[12][Fußnote 1) auf S. 191 bei *Sickel*] Romani calendarii a Gregorio XIII restituti explicatio p. 106 – Ihm ist auch *Ideler* gefolgt.

[13][Fußnote 2) auf S. 191 bei *Sickel*] So Petavius de doctr. temp. 1, 307, der übrigens die richtige Satzung annimmt.

[14][Fußnote 3) auf S. 191 bei *Sickel*] Die Ephemeriden z.B. Cölner Ausgabe von 1688; 1, 226.

[15][Fußnote 1) auf S. 192 bei *Sickel*] Kalendarium Opativacense, Cod. Vindob. 395, fol. 2: »incipit d e c e n n o v e n n a l i s c y c l u s , q u i e t a n g e l i c a l i n e a v o c a t u r , eo quod istam computationem Pachomius mirae sanctitatis vir angelo docente dedicerit«.

[16][Fußnote 2) auf S. 192 bei *Sickel*] Den r i c h t i g e n Ansatz haben die ältesten mir bekannt gewordenen Julianischen Kalender in dem Cod. Sangall. 394 und in dem Cod. des Germ. Museums 3224; ebenso haben ihn die ältesten derartigen Kalendarien in Wien (saec. XIV): Cod. Vindob. 434; 2907; 2956; den A n s a t z b e i C l a v i u s dagegen: Cod. Vindob. 2785.– Von späterer Hand ist dem K a l e n d a r i u m C o d . V i n d o b . 1226 beigefügt: 2. December XIII, 3. December II, ein doppelter Fehler, den aber auch *Petavius* in einigen Handschriften gefunden hat.

5 Die Sitze der Mondschaltjahre alten Stils

Ist nun die Wahl der Schaltjahre willkürlich? *Zemanek* sagt dazu nichts und *Grotefend* gibt lediglich ohne weitere Erklärung die Nummern der Schaltjahre an, s. Tafel 5.1. *Ginzel* gibt einige Hinweise: der Monzirkel geht auf die Baylonier zurück und kam über die Juden und die Alexandriner ins Abendland, man lese seine Ausführungen zum jüdischen Kalender nach, insbesondere aber [12], II, S. 102; [1] ausführlicher ist *Sickel*:

5.1 Zitat. *Sickel, [29], S. 174f.:* Ich gehe zu den e m b o l i s t i s c h e n J a h - r e n über, als welche *Dionysius*, *Isidorus*, *Beda* u. s. w. das 3., 6., 8., 11., 14., 17., 19. im Cyclus aufzählen. Damit stimmen ganz uns die von den Ägyptern über einzelne Jahre überlieferten Angaben [2]. Diese Schaltjahre wurden einfach durch das Princip des Osterzeitkreises bestimmt, dass nur der Monat als Ostermonat betrachtet werden darf, dessen *luna XIV* auf die Frühlingsnachtgleiche oder zunächst nach ihr fällt, dass also, wenn die zwölf Monde des Vorjahres dazu nicht ausreichen, ein dreizehnter hinzugefügt werden muß [3]. Aber welcher unter den dreizehn Monaten gilt als der intercalare? Bei den Juden, das Jahr **[175]** vom Nisan an gerechnet, der zwölfte [4]. Bei den Alexandrinern, wie zumeist [5] angenommen wird, der dreizehnte im österlichen Mondjahr. Bei den Römern endlich waren, wie wir von *Beda* erfahren [6], die Sitze der stets vollen und namenlosen Schaltmonate, durch welche die alternirende Reihe von hohlen und vollen Monden unterbrochen wurde, genau festgesetzt auf den 2. December des *a. III. c. decenn.*, 2. September *a. VI*, 6. März *a. VIII*, 4. December *a. XI*, 2. November *a. XIV*, 2. August *a. XVII*, 5. März *a. XIX*.

Zunächst bemerke ich, dass meines Wissens kein positives Zeugniss für die Setzung des embolistischen Monats bei den Alexandrinern vorliegt.

---

[1] Man geht von der Zyklusmitte, dem 9. Jahr, aus und schaltet, sobald die jährliche Differenz von $\frac{7}{19}$ zu einem Ganzen angewachsen ist; vgl. Spalte A der Tafel 5.1.

[2] [Fußnote 2) bei *Sickel* auf S. 174] Wie in dem Briefe des Paschasinus in van der *Hagen* observ. 115.

[3] [Fußnote 3) bei *Sickel* auf S. 174] Den Versuch von August *Mommsen*, die österlichen Gemein- und Schaltjahre aus der kallipischen Ordnung derselben abzuleiten, hat *Böckh* in der angeführten Abhandlung zur Genüge zurückgewiesen.

[4] [Fußnote 1) auf S. 175 bei *Sickel*] *Ideler* 1, 541; 2, 237.

[5] [Fußnote 2) auf S. 175 bei *Sickel*] Van der *Hagen* observat. 262, 295. – *Ideler* 1.1 – *Böckh* 121.

[6] [Fußnote 3) auf S. 175 bei *Sickel*] *Beda* de temp. rat. XLV. *Giles*, 6, 235.

Es ist nur eine vorzüglich von van der *Hagen* ausgeführte Hypothese, dass ihr intercalarer Monat unmittelbar dem Paschamonat vorausgegangen sei und dass erst nach *Dionysius* und vor *Beda* in Folge der Accommodation der ägyptischen Enneakaedekaëteris an die bürgerliche Jahresform der Griechen und dann der Römer die von *Beda* angeführten *sedes embolismorum* entstanden seien. Von der Alexandrinischen Setzung, wird dabei geltend gemacht, sage *Beda* nichts. Letzteres ist insofern richtig, als der angelsächsische Computist an der betreffenden Stelle nur von Schaltmonaten der Hebräer und Römer spricht und deren Unterschied hervorhebt. Aber dies läßt auch noch die Deutung zu, dass er der Alexandriner nicht gedenkt, weil ihre und die römische Schaltweise in diesem Puncte gleich sind. Denn auf die Motivirung der Wahl der Schaltsitze, welche *Beda* gibt und welche sich auf die besondere den Alexandrinern fremde Einrichtung des römischen Kalenders stützt, kann ich keinen Werth legen: erstens gesteht *Beda* selbst zu, dass der angeblich beabsichtigte Zweck nicht in allen Fällen erreicht worden sei, zweitens würde der angebliche Zweck auch noch auf andere Weise erreicht werden können und nicht nothwendig die von ihm aufgezählten *sedes embolismorum* ergeben. Dagegen lassen sich die Orte der Intercalation annähernd durch Rechnung bestimmen. □

Wir leiten schlüssig die Lage beider Arten von Schaltjahren her und stellen über die Schaltmonate fest,[7] daß jeder je eines der zwei Arten definiert; die Osterjahre und die akkommodierten Lunisolarjahre werden so miteinander im Zyklus verträglich [8] und es ergeben sich einfache arithmetische Zusammenhänge, die zwar in allen von mir herangezogenen Quellen erwähnt und genutzt werden, aber entweder gar nicht oder falsch begründet werden, indem lediglich pauschal auf die Schaltmonate dreißigtägiger Dauer hingewiesen wird. Insbesondere Bach argumentiert in [1] oft und gerne mit den Schaltjahren, ohne die Sache näher zu erläutern und klar und deutlich, *clarus et distinctus* im Sinne des René *Descartes*, darzustellen.

Wir werden dazu überlegen, an welchen Tagen die Mondjahre notwendig beginnen müssen, um den gestellten Bedingungen zu genügen und anschließend Epaktenfunktionen im Sinne der Definition 16.19 konstruieren, welche die geforderten Mondneujahrstage [9] – wie wir künftig den ersten Tag eines Mondjahres nennen wollen – ergeben; die goldene Zahl des Mondneujahrstages bezeichnet das Mondjahr.

---

[7]Erst in Kapitel 6 wird näher auf die Lage oder – wie *Sickel* sagt und es in der Chronologie üblich ist – den Sitz der Mondschaltmonate eingegangen.

[8]Schon in früheren Fassungen erwähnte ich diese naheliegende Tatsache, die jetzt durch Zitat 5.1 als altbekannt belegt werden kann, da *Sickels* Abhandlung mir seit November 2007 zugänglich ist; erstaunlich, daß weder *Grotefend* noch *Ginzel* sie erwähnten, da sie selber *Sickels* Abhandlung zitieren. Vermutlich hielten sie entweder die nämliche Tatsache oder den Zugriff auf [29] für selbstverständlich.

[9]Wenn keine Mißverständnisse zu befürchten sind, sagen wir kurz »Mondneujahr«

5.2 Definition. Der Vorlauf eines Kalenderdatums a vor dem Kalenderdatum b ist die in Tagen gemessene zeitliche Verschiebung von a gegen b. Sie zählt positiv in die Vergangenheit, negativ in die Zukunft.

Die Vorlauf-Funktion wird mit $\mathrm{VLF}(a, b)$, manchmal auch mit $\mathrm{VLF}_a(b)$ bezeichnet. □

5.3 Definition (Zugehöriges Neulicht). Sei t ein Datum im Mondzirkel. Dann bezeichnet $\mathrm{luna}_I(t)$ das Datum des Neulichts jener Lunation, in der t liegt; wir nennen diesen Tag das zu t gehörende Neulicht. Die Funktion $\mathrm{VLF}_{\mathrm{luna}_I}(t) := \mathrm{VLF}(\mathrm{luna}_I(t), t)$ ist der Vorlauf des Datums $\mathrm{luna}_I(t)$ vor dem Datum t. □

5.1 Die Osterjahre (*anni secundum lunam*)

Wir beginnen mit der Definition der Osterjahre, die wir als Kalenderregel formulieren und im Verlauf des Abschnitts motivieren.

5.4 Kalenderregel (Osterjahre). Ein Osterjahr beginnt mit einem Osterneulicht (= Osterneumond) und reicht bis zum Tag vor dem darauffolgenden; die Osterneulichttage sind ihrerseits bestimmt durch die Forderungen:

- Am 23. März I ist Osterneulicht.

- Der Ostervollmond (= den Frühlingsvollmond) fällt niemals vor den 21. März, was in [29] auf S. 174 (s. Zitat 5.1) als »Princip des Osterkreises« bezeichnet wird. □

Am 23. März I ist Neulicht und damit der erste Mondneujahrstag, kurz das erste Mondneujahr, des Zyklus; ein Folgejahr beginnt $11 = 365 - 354$ Tage früher, wenn es ein Gemeinjahr ist, sonst $19 = 30 - 11$ Tage später. Wir fügen solange Gemeinjahre ein, wie die Bedingung, der Ostervollmond liege nicht vor dem 21. März, erfüllt bleibt, anderenfalls schalten wir einen 30-tägigen Monat ein, der das gerade ablaufende Mondjahr zum Schaltjahr macht; das nämliche Schaltkriterium ist äquivalent dazu, daß die Mondneujahrstage nicht vor den 8. März fallen, da dieses Datum 13 Tage vor dem 21. März liegt. Auf Tafel 5.1, genauer deren Spalten B, C, D und F, kann man das Konstruieren der Mondjahre nachvollziehen. Die die so erhaltenen Mondjahresanfänge passen in die hier schon entwickelten Neulichttafeln 4.3 und 4.4. Man beachte besonders, daß 354 Tage nach jedem Mondneujahrstag Neulicht ist, eine Tatsache, die uns später noch beschäftigen wird, s. (6.1).

Der bisher nur theoretisch früheste Frühjahrsneulichttermin, der 8. März, tritt tatsächlich ein und der späteste vorkommende Termin ist der $(8 + 28)$. März = 36. März = 5. April; zwischen diesen beiden Terminen bewegt sich das Osterneulicht. [10]

---

[10]In vielen chronologischen Lehrbüchern wird ausgeführt, daß der Ostersonntag einer der 35 Tage zwischen dem 22.03. und 25.04. ist, was sich jetzt sofort nachvollziehen läßt. Der Ostervollmond bewegt sich in dem 29 Tage umfassenden Zeitraum vom 21.03. bis

Tafel 5.1: Die Mondjahreskonstruktion. Die Jahre in den Daten sind abendl. goldene Zahlen.; zur Osterjahresnr s. [15], S. 128

| | | Osterjahre (a.s. lunam) | | | | | | | | Dezember-Mondjahre (a.s. solem) | | | | | |
A	Osterjahresnr.	luna I paschalis (B)	Ein Gemeinjahr weiter (C)	30 Tage weiter (D)	luna XIV paschalis (E)	luna I paschalis liegt n Tage vor dem 23.03.g (F)	luna I paschalis liegt n Tage vor dem 05.04.g (G)	$E_{(30,11,23)}(g)$ (H)	$E_{(19,7,12)}(g)$ (I)	Mondneujahr (J)	Ein Gemeinjahr weiter (K)	30 Tage weiter (L)	Mondneujahr liegt n Tage vor dem 31.12.g (M)	$E_{(30,11,18)}(g)$ (N)	$E_{(19,7,7)}(g)$ (O)
2	23.03.01	12.03.02		05.04.01	0	13	24	15	13.12.01	02.12.02		18	29	18
3	12.03.02	01.03.03	31.03.03	25.03.02	11	24	5	3	02.12.02	21.11.03	21.12.03	29	10	6
4	31.03.03	20.03.04		13.04.03	-8	5	16	10	21.12.03	10.12.04		10	21	13
5	20.03.04	09.03.05		02.04.04	3	16	27	17	10.12.04	29.11.05	29.12.05	21	2	1
6	09.03.05	26.02.06	28.03.06	22.03.05	14	27	8	5	29.12.05	18.12.06		2	13	8
7	28.03.06	17.03.07		10.04.06	-5	8	19	12	18.12.06	07.12.07		13	24	15
8	17.03.07	06.03.08	05.04.08	30.03.07	6	19	0	0	07.12.07	26.11.08	26.12.08	24	5	3
9	06.03.08	25.03.09		18.04.08	-13	0	11	7	26.12.08	15.12.09		5	16	10
10	25.03.09	14.03.10		07.04.09	-2	11	22	14	15.12.09	04.12.10		16	27	17
11	14.03.10	03.03.11	02.04.11	27.03.10	9	22	3	2	04.12.10	23.11.11	23.12.11	27	8	5
12	02.04.11	22.03.12		15.04.11	-10	3	14	9	23.12.11	12.12.12		8	19	12
13	22.03.12	11.03.13		04.04.12	1	14	25	16	12.12.12	01.12.13	31.12.13	19	0	0
14	11.03.13	28.02.14	30.03.14	24.03.13	12	25	6	4	31.12.13	20.12.14		0	11	7
15	30.03.14	19.03.15		12.04.14	-7	6	17	11	20.12.14	09.12.15		11	22	14
16	19.03.15	08.03.16		01.04.15	4	17	28	18	09.12.15	28.11.16	28.12.16	22	3	2
17	08.03.16	25.02.17	27.03.17	21.03.16	15	28	9	6	28.12.16	17.12.17		3	14	9
18	27.03.17	16.03.18		09.04.17	-4	9	20	13	17.12.17	06.12.18		14	25	16
19	16.03.18	05.03.19	04.04.19	29.03.18	7	20	1	1	06.12.18	25.11.19	25.12.19	25	6	4
1	04.04.19	24.03.01		17.04.19	-12	1	12	8	24.12.19	13.12.01		7	17	11

Das eben durchgeführte Verfahren folgt dem Rekursionsschema (16.1.iv), wenn man $m = 15$, $s = 0$, $r = 11$ und $c = 30$ wählt. Damit gilt für den Vorlauf F_n des Mondneujahrs vor dem 23. März

$$F_1 = 0,$$

(5.5) $$F_{n+1} = \begin{cases} F_n + 11 & \text{falls } F_n + 11 \leq 15, \\ F_n - 19 & \text{falls } 15 < F_n + 11 \end{cases} \quad \text{für alle } n \in \mathbb{N} \setminus \{0\},$$

wobei natürlich nur die Werte $n \in \mathbb{G}$ hier relevant sind.

Unklar geblieben ist aber, ob die konstruierten Schaltjahre mittels eines Rückstands des Mondjahresendes gegen den des Sonnenjahrs beschrieben werden können, wie es in Zitat 3.6 gefordert wird. Können wir gar den Schaltkalkül des Kapitels 16 zu ihrer Beschreibung nutzen? Wir messen den Rückstand, die Epakte im Sinne der Bemerkung 16.17, in Tagen: erreicht oder überschreitet er den Wert 30, wird ein voller Monat eingeschaltet. Wo sollen wir mit dem Zählen des Rückstands beginnen?

Wenn wir das Jahr des im Sonnenjahr spätesten Osterneumonds als Ausgangspunkt wählen, so liegen alle anderen Osterneumonde im Sonnenjahr vor ihm und deren Vorlauf G_n zum 05.04. ist um 13 größer als F_n, so daß das folgende Rekursionsschema gilt, den einfachen Induktionsbeweis mag der Leser selber führen.

(5.6) $$G_1 = 13, \qquad G_{n+1} = \begin{cases} G_n + 11 & \text{falls } G_n + 11 \leq 28, \\ G_n - 19 & \text{falls } 28 < G_n + 11; \end{cases}$$

der Deutlichkeit wegen sind die Werte in Spalte G der Tafel 5.1 angeben. Da *per constructionem* für beliebiges $n \in \mathbb{N} \setminus \{0\}$ gilt $F_n \leq 15$, haben wir stets $G_n \leq 28$ und damit folgt aus (5.6) zusammen mit Korollar 16.4 insgesamt

(5.7) $\quad G_n = (11(n-1) + 13) \bmod 30$ und $0 \leq G_n \leq 28$ für alle $n \in \mathbb{N} \setminus \{0\}$.

Ein Jahr n ist genau dann Schaltjahr, wenn $28 < G_n + 11$ und der Vorlauf G_{n+1} eines Jahres $n+1$ ist der Rückstand, die Epakte, des vorherigen Jahres n zum Sonnenjahr, das für unsere Zwecke am 05.04. beginnt. Die Funktion

$$\mathbb{Z} \ni n \overset{f}{\longmapsto} (11n + 13) \bmod 30 \in [0, c-1] \cap \mathbb{Z},$$

genauer $f|_{\mathbb{G}}$, beschreibt damit die Epakten, die zu unseren Schaltjahren gehören; sie ist nach (16.20.ii) eine Epaktenfunktion wie in 16.19 definiert. Satz 16.24 liefert zusammen mit (B.5) die noch fehlende Schaltjahrverschiebung

$$\Delta = (13 - 0 \cdot 11) \cdot 11 \bmod 30 = 143 \bmod 30 = 23.$$

---

zum 18.04.; der erste dieser Tage scheidet als Ostersonntag aus, also reicht der mögliche Osterzeitraum vom 22.03. bis zum 25.04, da, falls die späteste Ostergrenze, der 18.04., ein Sonntag ist, erst sieben Tage darauf Ostern ist. Die Ordnungszahl des Ostersonntags in dieser Reihe heißt *Festzahl* (Kalenderzahl, Kalenderschlüssel) und ist zugleich der Abstand des Ostersonntags vom 21.03. Die Chronologie tabuliert dieser Zahlen zwecks Osterfestbestimmung, was allerdings für das Thema des Buches irrelevant ist; zur Festzahl s. [12], III, S. 223, [16] und [32] S. 53.

Das am 05.04.08 beginnende Mondjahr endet, wie Tafel 5.1 zeigt, 11 Tage vor dem 05.04.09, hat also jene Epakte 11, zu der auch die Epaktenfunktion der eben gefunden Schaltkonstellation führt, denn $E_{(30,11,23)}(8) = 11$. Der gesuchte Ausgangspunkt der Zählung ist also das Jahr der goldenen Zahl 8.

Es mag verblüffen, daß wir Schaltjahre konstruiert haben, die zu einem Zyklus von 30 Jahren mit 11 Schaltjahren gehören, umfaßt doch der *Meton*ische Zyklus, um den es geht, 19 Jahre mit 7 Schaltjahren: Mit Tagen rechnend ergab sich alles auf natürliche Weise, kanonisch, wie man in der Mathematik sagt, [11] und was die Lage der Schaltjahre betrifft sogar zwingend. Der 30-jährige Zyklus hat im christlichen Lunisolarkalender keine direkte astronomische Bedeutung, wird uns aber in Teil III beschäftigen, ist er doch beinahe der von *Lilius*, [12] einem der geistigen Väter des Gregorianischen Kalenders, erfundene Epaktenzirkel oder -zyklus; wir nennen ihn den *regulären Epaktenzyklus*, da er vollständig regelmäßig aufgebaut ist und insbesondere keinen Mondsprung (*saltus lunae*) zu beachten hat. Die auf Tafel 14.3 angestellte Berechnung zeigt, daß der islamischen Kalender, der Kalender der Araber, wie es in den mittelalterlichen Schriften heißt, die Länge des Mondjahres genauer approximiert als der Metonische Zyklus. [13] Nach [18] S. 342ff. bezeichnete im 15. Jahrhundert der deutsche Kardinal Nikolaus von *Cusa*, der von dem Florentiner Mathematiker und Physiker *Toscanelli* unterrichtet wurde, den Mondzyklus mit 11 Schaltmonaten in 30 Jahren als den einzig richtigen. [14]

Die Epaktenzyklusbilanzgleichung

$$(5.8) \qquad\qquad 30 \cdot 365 = 10950 = 30 \cdot 354 + 30 \cdot 11$$

besagt, daß 30 Sonnengemeinjahre ebenso viele Tage enthalten, wie die gleiche Anzahl Mondjahre des regulären Epaktenzyklus; die Brüche $\frac{30}{11}$ und $\frac{19}{7}$, die durchschnittlichen Abstände der Schaltjahre, liegen dicht beieinander, so daß hoffentlich die ersten 7 Schaltjahre, übereinstimmen; bevor dies formal nachgewiesen wird versuchen wir, einen Zyklus $(19, 7, \Delta)$ zu finden, der genau unsere Schaltjahre hat.

Unser Kalkül kennt nur eine Art von Jahren, wir konstruierten aber Lunisolarjahre, gebundene Mondjahre. Untersuchen wir also das Zusammenspiel beider Jahresarten. Dazu idealisieren wir die astronomischen Verhältnisse und gehen von einem exakten *Meton*ischen Zirkel aus: 19 Mondjahre zusammen sind dann so lang wie 19 Sonnenjahre, wobei diese nur aus Gemeinjahren bestehen und unter jenen genau 7 Schaltjahre vorkommen; der Mondsprung braucht uns nicht mehr zu kümmern.

Ein Mondgemeinjahr ist dann 7 Einheiten (1 Einheit $= \frac{1}{19}$ Lunation) kürzer als ein Sonnenjahr. Wir wählen ein *Ausgangsdatum* im Sonnenjahr, an dem

---

[11]s. Kap. 1.

[12]Aloisius *Lilius*, eigentlich Luigi *Lilio*, Lektor der Medizin in Perugia

[13]Zwar hat der islamische Kalender 11 Schaltjahre in 30 Jahren, ist allerdings völlig anders aufgebaut als der christliche, s. Abschnitt 14.2 und die Tafel 14.3.

[14]..., und zwar in seinem Werk *Reparatio Kalendarii (Domini Nicolai de Cusa cardinalis opera. Basiliae 1555. pag. 1155-1167)*.

wir die Folge der Mondjahre starten, und bestimmen Gemein- und Schaltjahre wie in Bemerkung 16.17. Entscheidend ist die sich daraus ergebende Veränderung der Lage des Mondneujahrs im Sonnenjahr beim Übergang zum Folgejahr: auf ein Gemeinjahr folgt ein 7 Einheiten früheres Mondneujahr, auf ein Schaltjahr ein 12 Tage späteres, wegen $12 = (-7) \bmod 19$. Da sich der Zyklus am Ende des 19. Jahrs mit dem Rückstand 0 schließen muß, sind wir dann wieder am Ausgangsdatum angelangt.

Das Mondneujahr bewegt sich mithin vom Ausgangsdatum im Sonnenjahr zurück, um es erst nach dem 19. Jahr erneut zu erreichen: alle anderen Mondneujahre liegen also im Sonnenjahr vor dem Ausgangsdatum. Damit ist das Ausgangsjahr – das Jahr des Ausgangsdatums – zwingend jenes des spätesten Osterneumonds und es ist ihm der Rückstand 7 zuzuordnen; es ist das Osterjahr VIII und Korollar 16.25 ergibt notwendig $\Delta = 12$.

Hat die so definierte Konstellation tatsächlich unsere Osterjahre? Die Voraussetzungen des 1. Medianenschaltsatzes 16.27 sind bis auf die Tatsache erfüllt, daß er nur für die unverschobenen Schaltjahre, d.h. für $\Delta = 0$ gilt: Es ist nämlich $\frac{30}{11}$ die zwischen $\frac{19}{7}$ und $\frac{11}{4}$ liegende Mediante, denn $11 \cdot 7 - 19 \cdot 4 = 1$, also sind die ersten 7 Schaltjahre die gleichen, falls eben $\Delta = 0$ ist.

Nun, beide Schaltzyklen müssen die gleiche Epoche haben, damit die noch fehlende Voraussetzung erfüllt ist. Bezeichnet man die Jahre beginnend beim Osterjahr 8 aufsteigend mit $0, 1, 2, \ldots$, so trifft man genau auf die beiden Konstellationen gemeinsamen Schaltjahre $0, 3, 6, 9, 11, 14$ und 17, s. Lemma 13.2 und seinen Beweis.

Die bisherigen Überlegungen trugen viel zum Verständnis bei, aber zum praktischen Berechnen des Osterfestes benötigen wir den folgenden Satz.

5.9 Satz (Ostergrenzensatz alten Stils)**.**

(5.9.i) *Die Ostergrenze eines Jahres der goldenen Zahl $g \in \mathbb{G}$ folgt $(15 + 19 \cdot (g-1)) \bmod 30$ Tage auf den Frühlingsanfang, den 21. März; der Osterneumond folgt im gleichen Abstand auf den 8. März.*

(5.9.ii) *Die Ostergrenze eines Jahres der goldenen Zahl $g \in \mathbb{G}$ liegt V_g Tage vor dem 12. April ($= 43$. März), der Osterneumond hat den gleichen Vorlauf vor dem 30. März, mit*

$$V_g = \begin{cases} (11g - 4) \bmod 30 & \text{falls } ((11g-4) \bmod 30) \leq 22, \\ ((11g - 4) \bmod 30) - 30 & \text{sonst.} \end{cases}$$

Beweis. zu (5.9.i). Die Aussage über die Ostergrenze folgt aus der über den Osterneumond, so daß es reicht, diese zu zeigen. Nach (5.6) liegt im Jahre n der Osterneumond G_n Tage vor dem 5. April, mithin folgt er $N_n = 28 - G_n$ Tage auf den 8. März und wegen (5.7) ist $0 \leq N_n \leq 28$ und $N_n = 28 - (11(n-1) + 13) \bmod 30$. Da die Kongruenzen

$$N_n \equiv 28 - (11(n-1) + 13) \bmod 30 \qquad (\bmod\ 30)$$

$$\equiv 28 - (11(n-1)+13) \qquad\qquad (\mathrm{mod}\ 30)$$
$$\equiv 15 - 11(n-1) \qquad\qquad\qquad (\mathrm{mod}\ 30)$$
$$\equiv 15 + 19(n-1) \qquad\qquad\qquad (\mathrm{mod}\ 30)$$

gelten, ist alles bewiesen.

zu (5.9.ii). Wir bestimmen die Vorläufe V_n der Osterneumondtage zum 30. März, der zu diesen Tagen gehört. Es ist $V_n = F_n - 7$ und wir leiten aus (5.5) ein analoges Rekursionsschema her, nämlich

$$V_1 = 7, \qquad V_{n+1} = \begin{cases} V_n + 11 & \text{falls } V_n + 11 \le 22, \\ V_n - 19 & \text{falls } 22 < V_n + 11. \end{cases}$$

Da $(7-11) \bmod 30 = (-4) \bmod 30 = 26$, folgt aus 15.8, 16.3 und 16.4

$$V_n = \begin{cases} (11n-4) \bmod 30 & \text{falls } (11n-4) \bmod 30 \le 22, \\ ((11n-4) \bmod 30) - 30 & \text{falls } 22 < (11n-4) \bmod 30. \quad \square \end{cases}$$

Der Satz besagt in seinem ersten Teil (5.9.i) die denkbar einfachste Berechnungsart der wichtigsten Größe des Zyklus: kann man doch die Lage der Mondschaltjahre so wählen, daß der Hauptdaseinsgrund des Mondzyklus, nämlich das Berechnen des Frühlingsvollmonds, so einfach wie nur denkbar wird; wäre es nicht erst Jahrhunderte nach dem Mondzirkel formuliert worden, könnte man das Prinzip von *Occhams* Rasiermesser als Leitgedanken des Konstruktion anführen; aber vielleicht war es umgekehrt und die Konstruktion des Mondzirkels hat mit zur Formulierung des Prinzips beigetragen, was natürlich historische Spekulation ist.

Wir fassen zusammen: Die Spalten A bis I der Tafel 5.1 ergaben sich notwendig den bisherigen Kalenderregeln, allerdings ohne die Lage der Schaltmonate innerhalb ihrer Jahre – die *sedes epactorum* – zu berücksichtigen.

Spalte A der Tafel 5.1 zeigt, daß unsere Art der Mondjahreskonstruktion genau die Schaltjahre der Regel *Guchadsat* ergibt, vgl. die Fußnote auf S.37 und Zitat 5.10.

5.10 Zitat. *Ginzel, [12], II, S. 102:* Der S c h a l t z y k l u s, welcher in der jetzigen Zeitrechnung der Juden angewandt wird, ist der dritte von den schon (S. 75) genannten Zyklen, die Regel *Guchadsat,* [15] nämlich die Einschaltung eines Monats im 3., 6., 8., 11, 14., 17. und 19. Jahre des *machsor qatan.* $\qquad \square$

Insgesamt sind jetzt alle die Osterjahre betreffenden Werte der Tafel 5.1 als notwendige Folge der bisherigen Kalenderregeln (ohne die Schaltmonatslagen innerhalb ihrer Jahre) nachgewiesen und wir haben gezeigt:

5.11 Theorem. *Die Osterjahre des abendländischen Mondzirkels verteilen sich zwingend so wie auf Tafel 5.1 angegeben.* $\qquad \square$

---

[15]Im Original wiederholt *Ginzel* das Wort »*Guchadsat*« in hebräischen Buchstaben.

Bedenken wir, was der Satz und sein Beweis bedeuten. Die Osterneu- und Vollmonddaten sind jene der Tafeln 4.3 und 4.4, die Wahl der Schaltmonate wurde im *computus* alten Stils so getroffen, wie unsere Auführungen es gebieten; die genaue Lage der Schaltmonate innerhalb ihrer Osterjahre ging in den Beweis nicht ein.

Andererseits erstreckt sich jedes Osterjahr über zwei Solarjahre und im nächsten Abschnitt 5.2 wird untersucht, welche Konsequenzen der dadurch gegebene Freiheitsgrad hat; der Bedeutung des 22. März, eines Osterneulichtdatums, für die Epakten alten Stils wegen (s. Kapitel 7) stellen wir zuvor noch fest:

5.12 Lemma. *In einem Jahr der goldenen Zahl g gilt für den Vorlauf V_g des Osterneumonds vor dem 22. März und*

$$V_g = \begin{cases} (11(g-1)-1) \bmod 30 & \textit{falls } (11(g-1)-1) \bmod 30 \leq 14 \\ (11(g-1)-1) \bmod 30 - 30 & \textit{falls } 14 < (11(g-1)-1) \bmod 30. \end{cases}$$

Beweis. Aus (5.5) folgt

$$V_1 = -1, \qquad V_{g+1} = \begin{cases} V_g + 11 & \text{falls } V_g + 11 \leq 14 \\ V_g - 19 & \text{falls } 14 < V_g + 11, \end{cases}$$

woraus sich mittels der in Abschnitt 16.1 gezeigten Sätze die Behauptung ergibt. □

5.2 Die abendländischen Lunisolarjahre (*anni secundum solem*)

5.13 Kalenderregel (Dezember-Mondjahre)**.** Die Dezember-Mondjahre werden durch zwei Forderungen definiert:

1. Der Dezember-Mondjahrezyklus beginnt am 24.12.XIX und

2. jedes Mondneujahr liegt so spät wie möglich im Dezember, m.a.W. es wird geschaltet, sobald sein Abstand vom 31.12. anderenfalls 30 erreichte oder überschritte. □

Geht man den beiden Forderungen entsprechend vor, so erhält man die Spalten J bis M der Tafel 5.1. Die dabei konstruierten Mondneujahre sind die spätesten Neulichttage der Sonnenjahre des Mondzirkels, wie die Tafeln 4.3 und 4.4 übereinstimmend zeigen.

Diese Übereinstimmung rührt daher, daß die Komputisten die Schaltmonate so geschickt anordneten, daß jeder zwei Mondjahre bestimmt, ein Osterjahr und ein dem Julianischen Sonnenjahr akkommodiertes Dezember-Mondjahr. Aufgrund des Zitats 5.1 spricht vieles dafür, daß dies eine seinerzeit bewußt getroffene Entwurfsentscheidung – in heutiger technischer Terminologie formuliert – war, denn nur so lassen sich die Sonnenjahre überhaupt an die Oster(mond)jahre akkommodieren (= anpassen), s. Kapitel 6.

Analog zu den Osterjahren bestimmen die Abstände eine Epaktenfunktion, nämlich $E_{(30,11,18)}$, welche die Schaltjahre beschreibt; der Leser überzeuge sich davon mittels der im vorherigen Abschnitt 5.1 angestellten Überlegungen bitte ebenso selber, wie von der Korrektheit der in Spalte O angegebenen Schaltkonstellation; ferner vergewissere er sich, daß erneut der 1. Mediantenschaltsatz 16.27 angewandt werden kann, wenn die gemeinsame Epoche der beiden Zyklen geeignet gewählt wird.

Alle die Osterjahre betreffenden Überlegungen gelten analog für die Mondjahre, allein der Mondsprung sorgt hier für Sonderfälle in den Formulierungen, da er beim Übergang von der goldenen Zahl 18 zur goldenen Zahl 19 wirkt. Wenn man also ganz streng sein will, muß man die Jahre für die mathematische Behandlung anders als durch die goldenen Zahlen bezeichnen und die Ergebnisse dann umformulieren, wobei die erwähnten Sonderfälle entstehen.

5.14 Satz. *Es gilt für alle* $g \in [1, 18] \cap \mathbb{Z}$

$$\mathrm{VLF}(\mathrm{Mondneujahr}(g), \mathrm{Sylvester}(g)) = (7 + 11g) \bmod 30$$

und

$$\mathrm{VLF}(\mathrm{Mondneujahr}(19), \mathrm{Sylvester}(19))$$
$$= (\mathrm{VLF}(\mathrm{Mondneujahr}(18), \mathrm{Sylvester}(18)) + 12) \bmod 30.$$

Beweis. Dies folgt sofort aus Regel 5.13 und den Sätzen über die Epaktenfunktionen in Kapitel 16. □

Der folgende Satz hieße besser Jahresepaktensatz, würde nicht der Begriff der Epakte sowohl im Julianischen Kalender als auch in Bemerkung 16.17 anders als im Gregorianischen verwendet.

5.15 Korollar (Neujahrssatz alten Stils). *Der Abstand des Neujahrstages von seinem zugehörigen Neulicht bestimmt sich ausgehend vom Wert 8 für die goldene Zahl 1 durch jährliches Fortschreiten um* +11 mod 30 *solange g steigt und um* +12 mod 30 *beim Wechsel von g =* 19 *zu g =* 1*, d.h. es ist*

$$\mathrm{VLF}_{\mathrm{luna_I}}(\mathrm{Neujahr}(g)) = (8 + 11(g - 1)) \bmod 30 \textit{ für alle } g \in \mathbb{G}.$$

Beweis. Dies folgt sofort aus Satz 5.14 und den Sätzen über die Epaktenfunktionen in Kapitel 16. □

Wen interessiert, wie es zu der Lage, dem Sitz, des Mondsprungs gekommen ist, sei auf [29] verwiesen.

6 Die Sitze der Schaltmonate alten Stils

Die Mondjahre konstruierten wir, ohne Wissen über die Mondmonatsanfänge zu verwenden. Gemeine Mondjahre sind 354 Tage lang, embolistische um 30 Tage länger: Schaltjahre waren dabei lediglich verlängerte Gemeinjahre, was sich ja auch explizit aus dem 3. Satz des Zitats 5.1 ergibt.

Der nämliche Satz läßt aber auch eine verschärfte Forderung an die Schaltjahre unter den Osterjahren zu, die allzu naheliegend scheint:

(6.1)   **Fortsetzungseigenschaft.** Mondschaltjahre sind nicht nur verlängerte, sondern sogar fortgesetzte Gemeinjahre, indem 354 Tage nach dem Mondneujahrstag stets erneut Neumond ist und genau dann, wenn dieser Tag kein Osterneulicht ist, einen vollen Monat, sprich 30 Tage, voranzuschreiten ist.

Da der 23. März I, wie schon erkannt, hohl sein muß, endet folglich jedes Osterjahr mit einem vollen Monat und beginnt mit einem hohlen: das Akkommodieren der Osterjahre an die Sonnenjahre darf die beiden eben erkannten Eigenschaften nicht ändern, um die Tradition zu bewahren, gesetzt, die von *Sickel* in Zitat 5.1 angeführte Vermutung van der *Hagen*s träfe zu, was aber plausibel ist; [1] die Schaltmonate sind somit derart zu plazieren, daß jeder genau in je ein Oster- und in ein Dezember-Mondjahr fällt – was ohnehin klar ist –, sprich jedem der auf Tafel 6.1 auf S. 48 angegebenen Schnittintervalle ist genau ein embolismaler Mond zuzuordnen, wobei unverändert jedes Osterjahr mit einem hohlen Monat eröffnet wird und mit einem vollen schließt, siehe Tafel 6.3. Die auf der genannten Tafel angeführten Schaltmonatssitze erfüllen die Forderung, indessen erkennt man an Tafel 6.2, daß die akkommodierten Mondschaltjahre keine Fortsetzungen von Gemeinjahren sind.

Auf die Osterschaltjahre zurückkommend zeigt sich: Nur in zwei Fällen ist deren 13. Monat tatsächlich explizit eingeschaltet; uns, nur an den mathematischen Eigenschaften des *computus* interessiert, ist diese Tatsache gänzlich gleichgültig. Lediglich dann, wenn man den Monaten, etwa durch Benennen, eine gewisse Individualität verleiht, kann die eine oder andere Schwierigkeit entstehen. In Teil III wird sich zeigen, daß man im reformierten Kalender keine Möglichkeit mehr hat, Monate als embolistisch zu identifizieren: offenbar legte niemand mehr darauf Wert und die dauerhafte Übereinstimmung des Modells *computus* mit der astronomischen Wirklichkeit hatte Vorrang.

---

[1]Zur Bedeutung von Traditionen s. Kapitel 13, 14 und Zitat 4.9.

Tafel 6.1: Die Mondschaltjahre und ihre Schaltmonate. Einrichtung:

| Osterjahre | | | Dez.-Mondjahre | | Schnittintervalle | | *sedes* | Δ |
Nr.	Anfang	Ende	Anfang	Ende	Anfang	Ende	*embolismorum*	[MM]
03	12.03.02	30.03.03	02.12.02	20.12.03	02.12.02	30.03.03	02.12.02	34
06	09.03.05	27.03.06	10.12.04	28.12.05	09.03.05	28.12.05	02.09.05	33
08	17.03.07	04.04.08	07.12.07	25.12.08	07.12.07	04.04.08	06.03.08	31
11	14.03.10	01.04.11	04.12.10	22.12.11	04.12.10	01.04.11	04.12.10	34
14	11.03.13	29.03.14	12.12.12	30.12.13	11.03.13	30.12.13	02.11.13	35
17	08.03.16	26.03.17	09.12.15	27.12.16	08.03.16	27.12.16	02.08.16	34
19	16.03.18	03.04.19	06.12.18	23.12.19	06.12.18	03.04.19	05.03.19	32
A	B	C	D	E	F	G	H	I

Die Jahreszahlen in den Kalenderdaten sind abendländische goldene Zahlen; die Schaltmonate werden, nach ihnen aufsteigend sortiert, von 1 bis 7 numeriert.

Spalte A: Nummern der *a. s. lunam* wie in Spalte A der Tafel 5.1 ([15], S. 128).

Spalten B bis G: Erste und letzte Tage der jeweiligen Jahre.

Spalte H: Die Schaltsitze, wie sie sich durchgesetzt haben.

Spalte I: Abstände der Schaltsitze von ihrem Vorgänger in Mondmonaten.

02.12.02	10.12.04	07.12.07	04.12.10	12.12.12	09.12.15	06.12.18
21.11.03	29.11.05	26.11.08	23.11.11	01.12.13	28.11.16	25.11.19

Tafel 6.2: Die Dez.-Mondjahre und die Fortsetzungseigenschaft (6.1). In der 1. Zeile stehen die Mondneujahrstage der Dez.-Mondschaltjahre, darunter die jeweils 354D darauffolgenden (vgl. Tafel 5.1, Spalten I und J). Es ist lediglich der 25.11.19 ein Neulichttag, aber allein wegen des Mondsprungs.

Im Laufe der Geschichte gab es durchaus verschiedene Ansichten dazu, wo im Mondzirkel die Schaltmonate plaziert sein sollten, *Sickel* führt dies in [29] auf den S. 175 bis 180 näher aus; z.B. wurde der 4. Embolismus von einigen Komputisten auf den 4. Dezember 10, anderen auf den 4. März 11 und weiterer auf den 3. Januar 11 gelegt, alles Kalenderdaten im Schnittintervall.

Sickel legt seine eigene Ansicht zu den *sedibus embolismorum* dar, bezeichnet sie allerdings nur als wahrscheinlich; sie weicht von jener van der *Hagen*s, angedeutet in Zitat 5.1, ab. Dieser meint, *Sickel* nicht überzeugend, die Fixierung der Schaltsitze – das endgültige Festlegen der Lage der sieben Schaltmonate im Mondzirkel – sei aus einer Kombination des Osterkreises mit dem römischen Kalender hervorgegangen, also durch Akkommodieren der Osterjahre an die Sonnenjahre des römischen Kalenders, will sagen dem Verschieben der ursprünglich stets an 13. Stelle im Osterjahr stehenden Embolismen.

Sickel sagt a.a.O., daß die embolistischen Monate möglichst in ihrem mittleren Abstand von $\frac{235}{7} \approx 33,57$ Monaten aufeinander folgen sollen, eine Forderung die, wie Tafel 6.1 lehrt, im wesentlichen erfüllt ist. Er führt weiter an, daß – selbstverständlich – auf die Grenzen der Osterjahre, sprich den Frühlingsvollmond, Rücksicht genommen werden müsse. *Sickel* vermutet, die Schaltmonate seien von Anfang an so in ihre Jahre eingefügt worden und nicht erst nachträglich zwecks Akkommodierens an das bürgerliche Jahr von ihrem Sitz im Osterjahr fortbewegt worden.

Welche der beiden Ansichten zutrifft, muß hier offenbleiben,[2] was uns nicht weiter berührt, uns wichtig sind die Grenzen der beiden Mondjahresarten, die befriedigend geklärt wurden.

Persönlich neige ich der Ansicht van der *Hagen*s zu, vermutlich dem Blick voraus auf den immerwährenden Gregorianischen Neulichtkalender geschuldet, genauer gesagt, auf die Gründe des Übergangs vom regulären zum endgültigen reformierten Epaktenzyklus; doch dazu mehr in Teil III.

---

[2]Ebenso offenbleiben muß die Frage, ob sich nach *Sickel* noch einmal jemand mit dieser Frage beschäftigt und vielleicht sogar ein Antwort gefunden hat; jedenfalls wird in [12], III, S. 135f., der 6. Satz des Zitats 5.1 »Bei den Alexandrinern, wie ... « zitiert, so daß zumindest *Ginzel* zu Beginn des 20. Jahrhunderts keine neuere Quelle kannte.

A	B	C	D
24.12.19	23.03.01	89	vhvh
13.12.01	12.03.02	89	vhvh
02.12.02	31.03.03	119	·vvhvh
21.12.03	20.03.04	89	vhvh
10.12.04	09.03.05	89	vhvh
29.12.05	28.03.06	89	vhvh
18.12.06	17.03.07	89	vhvh
07.12.07	05.04.08	119	vhv·vh
26.12.08	25.03.09	89	vhvh
15.12.09	14.03.10	89	vhvh
04.12.10	02.04.11	119	·vvhvh
23.12.11	22.03.12	89	vhvh
12.12.12	11.03.13	89	vhvh
31.12.13	30.03.14	89	vhvh
20.12.14	19.03.15	89	vhvh
09.12.15	08.03.16	89	vhvh
28.12.16	27.03.17	89	vhvh
17.12.17	16.03.18	89	vhvh
06.12.18	04.04.19	119	vhv·vh

Einrichtung der Tafel:

Spalte A: Die Mondneujahrstage der Dezember-Mondjahre.

Spalte B: Die Mondneujahrstage der Osterjahre; die angegebene *luna I paschalis* ist der erste Osterneumond, der auf den links neben ihm in der gleichen Zeile stehenden Mondneujahrstag folgt.

Spalte C: Abstände der Mondneujahrstage der Spalten A und B in Tagen. Man beachte:

$$89 = 30 + 59 + 30$$
$$119 = 89 + 30$$

Spalte D: Die Folge der ersten Mondmonate des akkommodierten Dezember-Mondjahrs bis zum Ostermonat. Es bedeutet v einen vollen Monat, h einen hohlen; einem Schaltmonat ist ein Punkt vorangestellt.

Tafel 6.3: Die Abstände der Mondneujahrstage beider Mondjahresarten näher untersucht.

7 Die Epakten alten Stils

Der Begriff der Epakte alten Stils ist zum Beweis der Osterformeln im Julianischen Kalender nicht notwendig, wir stellen ihn hier dennoch dar, ist doch insbesondere seine Unvollkommenheit ein Motiv der Gregorianischen Kalenderreform, die in Kapitel 8 abgehandelt wird; ferner eignet sich das Thema dazu, die von mir kritisierten fragwürdigen Schlußweisen in der chronologischen Literatur darzulegen.

Die Epakte ist das Alter der *lunae paschalis* an einem grundsätzlich frei gewählten Kalendertag. Im Julianischen Kalender wird der 22. März genommen, im Gregorianischen der 1. Januar, man spricht dann auch von der Jahresepakte. Das Alter des Mondes schließt, wie traditionell alle Zeitspannen, den Anfangs- und den Endtag ein, d.h. das Mondalter ist der in Tagen gemessene um eins erhöhte Abstand des Bezugstags vom unmittelbar vorhergehenden Neulichttag; erst im reformierten Kalender nimmt man die Tagesdifferenz.

Das Änderungsverhalten der Epakten beim Übergang von einer goldenen Zahl zur nächsten wird in der Literatur vielfach fehlerhaft dargestellt und begründet, so auch bei *Grotefend* und *Ginzel*; um das Ergebnis dieses Kapitels vorwegzunehmen: Das Verhalten der Epakten alten Stils ist zwar bei beiden Autoren korrekt angegeben, die dafür angeführte Erklärung dagegen ist falsch oder zumindest zweifelhaft.

7.1 Zitat. *Grotefend, [15], S. 50:* Die Epakten, epacte minores, epacte lunares, adjectiones lune, sind die Angaben des Mondalters eines bestimmten Tages im Jahre. *Beda* wählte nach dem Beispiele des *Dionysius* exiguus den 22. März als sedes epactorum (31), den Tag nach dem Eintreffen der cyclisch fixirten Frühlingsnachtgleiche. Seine Epakten bedeuten daher das jedesmalige Mondalter des 22. März; seine Worte (32): quae in circulo decemnovennali adnotatae sunt epactae, lunam quota sit in XI. kal. Apriles, ubi paschalis est festi principium, signant, die dieses deutlich bestätigen, geben gleichzeitig den Grund für die Wahl des Tages an. Da das Mondjahr von 354 Tagen um etwa 11 Tage kleiner ist als das Sonnenjahr von 365 Tagen, so muss immer die Epakte eines Jahres um 11 Einheiten grösser sein, als die des Vorjahres. 7 mal während des Cyclus werden je 30 als Betrag eines Schaltmondmonats abgezogen, im letzten Jahre dagegen wieder ein Tag zugegeben - der saltus lune, wo der Mond einen Tag überspringt, so dass damit der Cyclus an seinem Ende von 18 auf 30 = 0 (epacta nulla) zurückkehrt. □

Wir zitieren auch *Ginzel* und beleuchten seine Ausführungen kritisch:

7.2 Zitat. *Ginzel, [12], III, S. 140f.:* Aus unseren Neumondtafeln (I. u. II. Bd.) ist ersichtlich, daß die Neumonddaten, verglichen mit denen aufeinanderfolgender Jahre, um 11 Tage zurückweichen resp. durch die Schaltung um 19 Tage vorwärts gebracht werden. Dementsprechend verändert sich das Alter des Mondes (wie oben vom Neumond an gerechnet) an jedem Jahresanfange um 10 oder 11 Tage: z.B. ist das Mondalter am 1. Januar 285, einem Zyklusjahre I, neun Tage, am 1. Januar 286 neunzehn Tage, am 1. Januar 287 dreißig Tage, am 1. Januar 288 zehn Tage usf. Um das Mondalter angeben zu können, wählt man dasjenige eines beliebigen festen Tages und nennt dieses Mondalter Epakte (*epactae lunares, minores, adiectiones lunae,* Epakten alten Stils, Mondzeiger). Als Ausgangspunkt der Epaktenzählung (*sedes epactorum*) nehmen die Aledandriner, *Dionysius* und *Beda* den 22. März (alexandrinische Epakte), da sich dieses Datum als das einer Ostergrenze und wegen der zyklisch fixierten Frühlingstagnachtgleiche hiezu am besten eignete. Der Zyklus der Epakten läuft korrespondierend mit den 19 Jahren des Mondzyklus. Am Ausgangspunkte, 22. März, ist die Epakte = 0 oder 30 (*epactae nullae*). Die weiteren Epakten der Zyklusjahre werden bei den Komputisten durch Addition von 11 hergestellt; der Epaktenzyklus ist sonach folgender:

Gold. Zahl	Epakte	Gold. Zahl	Epakte	Gold. Zahl	Epakte
1	0	7	VI	13	XII
2	XI	8	XVII	14	XXIII
3	XXII	9	XXVIII	15	IV
4	III	10	IX	16	XV
5	XIV	11	XX	17	XXVI
6	XXV	12	I	18	VII
				19	XVIII

Da die Schaltmonate des Zyklus als 30 tägig behandelt und siebenmal Abzüge von 30 Tagen gemacht werden, muß man im letzten Jahre wegen **[141]** des *saltus lunae* (s. vorher) nicht 11 sondern 12 Tage addieren, wodurch die Epakte von XVIII auf 0 zurückkehrt. [1] □

Der erste Neumond im Januar weicht tatsächlich um 11 Tage zurück oder wird um 19 Tage vorwärts gebracht, aber wegen der Schaltung? Ohne nähere Erläuterung? Der 12.1.II weicht zurück auf den 1.1.III, obgleich zwischen beiden Tagen ein Schaltmonat liegt. Keiner der von mir herangezogenen Autoren *Bach, Ginzel, Grotefend* und *Zemanek* untersucht die Wirkung der Schaltjahre genauer, allein *Sickel* führt einiges aus; wir wissen dennoch, warum sich der erste Neumond im Januar wie von *Ginzel* beschrieben bewegt: Er ist der 2.

---

[1][Fußnote 1) bei *Ginzel* auf S. 141] Der Fehler, den man dadurch begeht, beträgt nach Ablauf eines Zyklus 1 St. 18 Min. 15 Sek.

Neumond seines akkommodierten Mondjahres und folgt daher 30 Tage auf das Mondneujahr, dessen Änderungsverhalten sich auf ihn überträgt, s. Tafel 6.3; dort kommen in den entscheidenden Monatsintervallen nur vier der sieben eingeschalteten Monate vor, pauschal auf die Schaltmonate zu verweisen erklärt also nichts.

Betrachten wir die Neulichttage [2] im April und im Mai. In Jahren des *n. aur.* I fallen beide Tage auf den 21., dann aber gibt es Unterschiede, die Neulichttage im Mai weichen beim Übergang zur nächsten goldenen Zahl [3] entweder um 11 Tage zurück oder schreiten um 19 Tage voraus, im April hingegen folgt auf den 15.4.VII der 5.4.VIII.

Geübt, wie wir im Konstruieren von Mondjahren inzwischen sind, ermitteln wir nach den bekannten Regeln Mondjahre, die im April beginnen, ausgehend von 21. April I. Wir gelangen dann zu den Daten auf Tafel 7.1, die von denen des Neulichts alten Stils in den Jahren 8, 11 und 19 abweichen: da die Schaltmonate so angeordnet wurden, daß sie Osterjahre und Dezember-Mondjahre ergeben, kann man schlechterdings nicht erwarten, Mondjahre zu allen Monaten des Julianischen Kalenders zu erhalten.

Damit haben wir zwei Trugschlüsse erkannt:

1. Trugschluß: Da das Mondjahr mit 354 Tagen um 11 Tage kürzer ist als das Sonnenjahr von 365 Tagen, weichen die Neumonddaten, verglichen mit denen aufeinanderfolgender Jahre, um 11 Tage zurück oder schreiten wegen der 30-tägigen Schaltmonate um 19 Tage voran.

und

2. Trugschluß: Da das Mondjahr mit 354 Tagen um 11 Tage kürzer ist als das Sonnenjahr von 365 Tagen, erhöht sich das Mondalter des beliebigen Kalendertages um 11 Tage oder vermindert sich wegen der 30-tägigen Schaltmonate um 19 Tage, wenn man von einer goldenen Zahl zur nächsthöheren fortschreitet.

Die April-Mondjahre entlarven die Trugschlüsse, weisen sie als inkorrekte logisch-mathematischen Folgerungen: Allein im Zuge des weiter oben durchgeführten Konstruierens der Mondschaltjahre durften wir mit der Längendifferenz von 11 Tagen argumentieren, wir waren schließlich in der Anordnung der Schaltjahre und -monate noch frei: jetzt hingegen sind die Konsequenzen der damaligen Entscheidung zu tragen.

*Ginzel*s Aussage über das Änderungsverhalten des Mondalters am Jahresanfang ist auch nicht korrekt, richtig ist das Mondalter von 9 Tagen in Jahren der goldenen Zahl I und aus dem Neujahrssatz 5.15 folgt, wie der aufmerksame Leser bemerkt, sofort:

---

[2] Es sei daran erinnert, daß die Komputistik Neulicht und Neumond synonym verwendet.
[3] Der Sonderfall des Übergangs von XIX zu I ist hier unerheblich!

n. aur.	Neumond	+ 354D	+ 30D	n. aur.	Neumond	+ 354D	+ 30D
1	21.04.	10.04.		11	01.04.	21.03.	20.04.
2	10.04.	30.03.	29.04.	12	20.04.	09.04.	
3	29.04.	18.04.		13	09.04.	29.03.	28.04.
4	18.04.	07.04.		14	28.04.	17.04.	
5	07.04.	27.03.	26.04.	15	17.04.	06.04.	
6	26.04.	15.04.		16	06.04.	26.03.	25.04.
7	15.04.	04.04.		17	25.04.	14.04.	
8	04.04.	24.03.	23.04.	18	14.04.	03.04.	
9	23.04.	12.04.		19	03.04.	23.03.	22.04.
10	12.04.	01.04.					

Tafel 7.1: Die fiktiven April-Mondjahre. Die Daten der *n.aur.* 8, 11 und 19 weichen vom Neulicht alten Stils ab.

7.3 Satz. *Das Mondalter des 1. Januars wird beim Forschreiten von einer goldenen Zahl zur nächsthöheren – der Übergang von XIX zu I bleibe ausgespart – um 11 größer, sofern die Summe 30 nicht übersteigt, anderenfalls um 19 = 30 - 11 kleiner.*

Der 1. Januar eines Jahres der goldenen Zahl g hat damit das Mondalter

$$(8 + 11 \cdot (g - 1)) \bmod 30 + 1.$$

Es ergeben sich die Werte

Gold. Zahl	Mondalter	Gold. Zahl	Mondalter	Gold. Zahl	Mondalter
I	*9*	*VII*	*15*	*XIII*	*21*
II	*20*	*VIII*	*26*	*XIV*	*2*
III	*1*	*IX*	*7*	*XV*	*13*
IV	*12*	*X*	*18*	*XVI*	*24*
V	*23*	*XI*	*29*	*XVII*	*5*
VI	*4*	*XII*	*10*	*XVIII*	*16*
				XIX	*27*

Abschließend beweisen wir den Epaktensatz 7.4 alten Stils, woraus der Leser auf Grund der bisherigen Ausführungen sicher folgern kann, daß *Grotefends* und *Ginzels* Aussagen über die Werte und das Änderungsverhalten der Epakten mit Sitz am 22. März korrekt sind, wenn man davon absieht, daß *Ginzel* 0 statt 30 schreibt; nach dem Studium des Beweises bietet es sich ferner an, zu Zitat 1.5 Stellung zu beziehen.

7.4 Satz (Satz alten Stils). *Das Mondalter des 22. März eines Jahres der goldenen Zahl* $g \in \mathbb{G}$ *beträgt* $(11(g - 1) - 1) \bmod 30 + 1$.

Beweis. Unser wesentliches Beweismittel ist Lemma 5.12, dessen Bezeichnungen wir übernehmen. Das gesuchte Mondalter bezeichnen wir mit M_g.

1. Fall $V_g < 0$. Das Osterneulicht fällt auf ein Datum nach dem 22. März, mithin fällt dieser Tag in den dem Ostermonat unmittelbar vorhergehenden, der, wie wir z.B. aus Tafel 6.3 wissen, voll ist. Damit gilt $M_g = 30 + V_g + 1$.

Aus der Fallbedingung folgt $14 < (11(g-1)-1) \bmod 30$ und es ist $V_g = (11(g-1)-1) \bmod 30 - 30$ und die Behauptung folgt sofort.

2. Fall $0 \leq V_g$. Der 22. März gehört jetzt zum Ostermonat, also ist $M_g = V_g + 1$. Andererseits muß $(11(g-1)-1) \bmod 30 \leq 14$ sein, da anderenfalls nach Lemma 5.12 $V_g < 0$ wäre, im Widerspruch zur Fallbedingung; damit ist aber $V_g = (11(g-1)-1) \bmod 30$ und es ist alles bewiesen. $\qquad\square$

Die Herleitung der Osterformeln

8 Die Gregorianische Kalenderreform

Die astronomischen Gründe der Kalenderreform sind (Ginzel [12], III, §§253, 254):

1. Der Metonische Zyklus ist ungefähr $1^h 28,^m 5$ kürzer als 19 Julianischen Sonnenjahre, was zirka einen Tag in 310 Jahren ausmacht.

2. Die Julianische Schaltregel gleicht die Dauer des mittleren tropischen Jahres mangelhaft aus, die Abweichung beträgt pro Jahr

$$11^m 14^s = 365^d 6^h - 365^d 5^h 8^m 46^s$$

und damit ungefähr einen Tag in 128 Jahren; der wirkliche Eintritt des Frühlingsäquinoktiums verschiebt sich im Julianischen Jahr allmählich im Datum nach rückwärts.

3. Die mittlere Länge des synodischen Mondes beträgt $29^d 12^h 44^m 3,^s 18$, damit dauern 19 Jahre $365,25 \cdot 19^d = 6939^d 18^h$, der Überschuß von $1^h 27^m 32,^s 7$ in 19 Jahren wächst auf einen Tag in

$$\frac{24}{1^h 27^m 32,^s 7} \cdot 19 = 312,5 \text{ Jahren};$$

Alle $312,5$ Jahre weicht der Neumond im Julianischen Kalender also um einen Tag zurück.

Es dauerte lange, bis die Notwendigkeit einer Kalenderreform erkannt wurde und sich dann die Art und Weise der Reform heraus kristallisierte, man lese bei *Kaltenbrunner* in [18] und [19] nach; hier begnügen wir uns mit folgendem Zitat:

8.1 Zitat. *Kaltenbrunner, [18], S. 291f.:* Wie jedes Uebel, das stetig aber langsam anwächst, erst bemerkt wird, wenn es eine gewisse Höhe erreicht hat, so war es auch hier der Fall. Ja, es kommen zwei Umstände hinzu, die es geradezu erklären, warum erst nach Verlauf von vielen Jahrhunderten die Fehler des Kalenders und mit ihnen ihre Ursachen erkannt wurden. Der Drang, die Natur und die Erscheinungen des Himmels zu beobachten, war dem frühen Mittelalter fremd und bei dem gänzlichen Mangel an astronomischen Instrumenten und Tafeln, wäre letzteres auch dem Wissensdurstigen unmöglich gewesen. Der zweite Grund liegt in der cyclischen Rechnungsweise, die auf den mittleren Bewegungen von Sonne und Mond beruht. Es war daher sehr naheliegend, dass man eben darin die Erklärung suchte, wenn einmal das Eintreten einer Himmelserscheinung nicht im Einklang gefunden wurde mit dem durch die cyclische Berechnung gegebenen Zeitpunkt, oder dass man sich in Erkenntniss der menschlichen Fehlerhaftigkeit gegenüber der durch kirchlich Autorität getragenen Einrichtung auf erstere berief und einfach den Fehler abläugnete. *Beda* hat dies in Bezug auf den Mondcyclus auch gethan. Im Cap. 43 de ratione temporum [1] sucht er zu erklären, warum der Mond manchmal älter zu sein scheine, als die Berechnung ergibt. Er sieht den Grund darin, dass man mit dem Mondalter beim Sonnenuntergange umsetze, der Mond aber zu verschiedenen Stunden der Nacht aufgehe; dadurch könne sich ein Unterschied von 1 zwischen dem wirklichen und dem im Kalender stehenden Mondalter ergeben. Auf die Frage aber, warum in letzten Jahre des neunzehnjährigen Cyclus Neumond bereits am 2. April statt am 4. – wie es der terminus paschalis am 17. April bedingt – eingetreten sei, **[292]** antwortete *Beda* mit einer Berufung auf das Concil von Nicäa und auf das Wunder der Füllung der Taufbecken, welches schon *Gregor von Tours* als Beweis der richtigen Osterfeier anführt. [2] Aehnliches schreibt *Alcuin* an *Karl den Grossen*, als dieser Bedenken gegen die Richtigkeit des neunzehnjährigen Cyclus erhebt. [3]   □

Die Reform änderte weder die Wochentagsfolge, noch schaffte sie die zyklische Mondrechnung ab: erstere zu ändern hätte zu dem Ziele der Reform – nämlich eine bessere Übereinstimmung des *computus* mit den astronomischen Verhältnissen zu erlagen – nichts beigetragen und an letzterer wurde festgehalten, da eine exakte astronomische Berechnung wegen miteinander konkurrierender astronomischer Tafeln nicht sinnvoll war und die Osterberechnung anderenfalls, wie *Ginzel* a.a.O. schreibt, eine »gelehrte Angelegenheit« geworden wäre.

Im Jahre 1582 trat das Frühlingsäquinoktium 10 Tage zu früh ein und die Umlaufdifferenz zwischen der zyklischen *luna paschalia* und dem mittleren synodischen Mond war auf 3 Tage gewachsen, die Epakte mithin um 3 Tage zu klein, was zu Kalenderregel 8.2 führt.

8.2 Kalenderregel (Die Gregorianische Reform).

(i) Ein Jahr j ist Schaltjahr, wenn gilt ([32] S. 29)

$$j \equiv 0 \pmod 4 \text{ und } (j \not\equiv 0 \pmod{100} \text{ oder } j \equiv 0 \pmod{400}).$$

---

[1] ([Fußnote 1) bei *Kaltenbrunner* auf S. 291] *Bedae* Opera edd. *Giles*. Tom. VI.

[2] [Fußnote 1) bei *Kaltenbrunner* auf S. 292] *Gregor von Tours*. Historia Francorum. Lib. V. cap. 17 und Lib. X cap. 23. Bei ihm mussten sich allerdings die Taufbecken auf Kosten des Alexandrinischen Cyclus zu Gunsten des Victorischen Ostercyclus füllen.

[3] [Fußnote 2) bei *Kaltenbrunner* auf S. 292] *Jaffé*. Monumenta Alcuiniana Nr. 110. *Alcuin* hat hier offenbar das oben angeführte Capitel *Beda*'s benützt.

(ii) Beim Übergang vom Julianischen zum Gregorianischen Kalender wird das Datum um 10 Tage vorgestellt: auf Donnerstag, den 4. Oktober 1582 folgt Freitag der 15. Oktober 1582 (*Ginzel* a.a.O; [32] S. 11). [4]

(iii) Die Epakte wird um drei Tage vorgerückt (*Ginzel* a.a.O; [32] S. 49). □

Die neue Gregoriansche Schaltregel (i) nennt man Sonnenangleichung oder kurz Sonnengleichung [= LAT. *aequatio solaris*].

8.3 Lemma (Sonnengleichungsfunktion). *Die Funktion*

$$s(y) = \left\lfloor \frac{y}{100} \right\rfloor - \left\lfloor \frac{y}{400} \right\rfloor - 2 = \left\lfloor \frac{3\left(\left\lfloor \frac{y}{100} \right\rfloor + 1\right)}{4} \right\rfloor - 2$$

gibt für $y \geq 1582$ die Zahl jener Tage an, die das Gregorianische Datum eines Tages dem Julianischen auf Grund der Punkte (i) *und* (ii) *der Regel 8.2 voraus ist; sie hat u.a. folgende Werte*

$$s(1582) = 15 - 3 - 2 \ = 10$$
$$s(1600) = 16 - 4 - 2 \ = 10$$
$$s(1700) = 17 - 4 - 2 \ = 11$$
$$s(1800) = 18 - 4 - 2 \ = 12$$
$$s(1900) = 19 - 4 - 2 \ = 13$$
$$s(2000) = 20 - 5 - 2 \ = 13$$
$$s(2100)v = 21 - 5 - 2 = 14.$$

Beweis. Die erste Gleichung folgt unmittelbar aus Kalenderregel 8.2, die zweite ergibt sich aus ihr rein mathematisch, ohne zusätzliche kalendarische Überlegungen; sie ist wegen (15.12.xiv) äquivalent zu Gleichung

$$\left\lfloor \frac{y}{100} \right\rfloor = \left\lfloor \frac{3\left(\left\lfloor \frac{y}{100} \right\rfloor + 1\right)}{4} \right\rfloor + \left\lfloor \frac{\left\lfloor \frac{y}{100} \right\rfloor}{4} \right\rfloor ,$$

die ihrerseits wegen (15.12.xv) gilt. □

Der 3. der obigen astronomischen Reformgründe führt zu Regel 8.4; da die Periode von 312, 5 Jahren für praktische kalendarische Zwecke ungeeignet ist, nahm man das 8fache, und ging vom Jahr 551nChr. der goldenen Zahl 1, der Dionysischen Epakte 0 und der Alexandrinischen von 8 aus.

---

[4] Man sagt vielfach auch, »Es werden 10 Tage übersprungen.« oder »Es fallen 10 Tage aus.«, was streng genommen falsch ist, da ja nicht Tage ausfallen, sondern man lediglich die Namen der Tage ändert. Die zu überspringenden Daten in einem Stück ausfallen zu lassen hat sich letztlich durchgesetzt, war aber nicht unumstritten; schon Jahrhunderte vor der Reform, als man bereits darüber nachdachte, wie der Kalender zu korrigieren sei, fürchteten die Fürsten Tumulte, die aus Streitigkeiten wegen Zahlungen und Verträgen erwachsen könnten, wenn das Jahr verkürzt werde ([18], S. 318).

8.4 Kalenderregel (Die Mondgleichung). Beginnend im Jahre 1800 wird die Epakte siebenmal alle 300 Jahre und das achte Mal nach 400 Jahren um je einen Tag erhöht; in einem Zyklus von 2500 Jahren wächst die Epakte damit um 8 Tage (*Ginzel* a.a.O; [32], S. 49). □

Das Wort »Mondgleichung« ist analog zur Sonnengleichung zu verstehen, also als Mondangleichung und sie heißt auf Lateinisch *aequatio lunaris*.

In [28] heißt es auf S. 48 zu recht, die Gregorianische Schaltregel passe nicht in das Paradigma der gleichmäßigen Schaltjahrverteilung, sprich den Kalkül der gleichmäßig verteilten Schaltjahre. Dennoch läßt sich eine gleichmäßige Verteilung erkennen, wenn auch auf der Ebene der Jahrhunderte; nennen wir eine Jahreszahl zentesimal oder zentenar, wenn sie durch hundert teilbar ist und formulieren die Schaltregel äquivalent um:

> Ein zentesimales Jahr y ist Schaltjahr, wenn seine Jahrhundertzahl
> (= Säkularzahl) $y/100$ durch 4 teilbar ist, ein nicht-zentesimales
> Jahr ist Schaltjahr, wenn es selber durch 4 teilbar ist.

Auf beiden Ebenen erkennen wir die Julianische Schaltregel wieder; die Idee, den Schaltkalkül auf Jahrhunderte anzuwenden führt mühelos zu einer Formel für die Mondgleichung, wenn man sich von dem Wort »schalten« nicht ins Boxhorn jagen läßt, sprich davon abstrahiert: Definition 16.5 verteilt zyklisch l Einheiten gleichmäßig auf c Einheiten und die Beweise in Kapitel 16 stützen sich nie auf die Bedeutung des Wortes »schalten«; daher läßt sich der Schaltkalkül eben mehrfach einsetzen, sogar im Zusammenhang mit dem Approximieren einer Geraden durch Pixel in der Computer-Graphik, s. [17].

Doch zurück zur Mondgleichung: hier unterscheiden sich 8 der 25 Jahrhunderte von den restlichen, indem bei ihrem Erreichen die Epakte um eins erhöht wird, und wir streben nach einer Formel, die zu gegebener Jahreszahl y die Zahl dieser Jahre seit der Reform angibt; als Grundlage bietet sich (16.16.ii) an.

Die Schaltzahlen der Schaltkonstellation $(25, 8, 0)$ treten in den gewünschten Abständen auf, allein beginnen die Dreierschritte schon bei vier statt wie ge-

i	0	1	2	3	4	5	5	7	8	9	10	11	12
λ_i	0	4	7	10	13	16	19	22	25	29	32	35	38

Tafel 8.1: Einige Schaltzahlen der Schaltkonstellation $(25, 8, 0)$

fordert bei 18, was sich aber durch Wahl eines geeigneten Δ heilen läßt, da gelten muß $18 + \Delta \equiv 4 \pmod{25}$, was zu $\Delta = 11$ und $(\Delta l) \bmod 25 = 13$ führt.

Der Schaltjahrzählsatz, genauer (16.16.ii), ergibt zwischen den Jahren 1 und y die Zahl von n Schaltjahrhunderten mit

$$n = \left\lfloor \frac{8\left\lfloor \frac{y}{100} \right\rfloor + 13}{25} \right\rfloor;$$

für $y \geq 1582$ sind dies mindestens 5 Tage. Ist δ die Epaktenerhöhung gemäß der Mondangleichung, so gilt damit

$$\delta = \left\lfloor \frac{8 \left\lfloor \frac{y}{100} \right\rfloor + 13}{25} \right\rfloor - \left\lfloor \frac{8 \cdot 17 + 13}{25} \right\rfloor = \left\lfloor \frac{8 \left\lfloor \frac{y}{100} \right\rfloor + 13}{25} \right\rfloor - 5;$$

bezieht man die einmalige Korrektur von drei Tagen ein, so ergibt sich freiwillig die erste Gleichung des folgenden Lemmas 8.5. [5]

Zur 2. Gleichung überlegen wir: steigt die Jahrhundertzahl c um drei, muß $m_h(c)$ um 1 erhöht werden, so daß wir ansetzen

$$m_h(c) = \left\lfloor \frac{c}{3} \right\rfloor.$$

Dabei wird aber ignoriert, daß $m_h(c+25) = m_h(c) + 8$ gelten muß, will sagen, der Viererschritt nach jedem 7. Dreierschritt wird ignoriert, [6] also korrigieren wir

$$m_h(c) = \left\lfloor \frac{c - \left\lfloor \frac{c}{25} \right\rfloor}{3} \right\rfloor.$$

Das gewünschte Änderungsverhalten der Mondgleichungsfunktion ist damit hoffentlich erfaßt, es bleibt, die Anfangswerte zu justieren:

$$m_h(c) = \left\lfloor \frac{c - \left\lfloor \frac{c+8}{25} \right\rfloor + 1}{3} \right\rfloor - 2.$$

Wir prüfen, ob der Ansatz korrekt ist; geduldiges Nachrechnen ergibt, daß die 2. Gleichung des Lemmas 8.5 für $\left\lfloor \frac{y}{100} \right\rfloor \in \{15, 16, 17\}$ den Wert $m(y) = 3$ und für $\left\lfloor \frac{y}{100} \right\rfloor = 18$ den Wert $m(y) = 4$ ergibt, wie gefordert.

Jede Jahreszahl $y \geq 1800$ ergibt eine Jahrhundertzahl $c = \left\lfloor \frac{y}{100} \right\rfloor$ mit $c \geq 18$. Der Euklidische Algorithmus 15.1 führt zu eindeutig bestimmen Zahlen $q, r \in \mathbb{Z}$ mit $c - 18 = 25q + r$ mit $0 \leq r < 25$. Aus dieser Darstellung folgt das gewünschte Änderungsverhalten, indem man zunächst (17.3.ii) oder (17.3.iii) anwendet, abhängig davon, ob $r = 24$ oder $r < 24$ ist, und anschließend noch (17.3.i) verwendet.

Zur 3. Gleichung gehen wir etwas anders vor: Beginnend bei der Jahrhundertzahl $c = 18$ muß $m_h(c)$ in Dreierschritten um 1 erhöht werden, so daß wir ansetzen

$$m_h(c) = \left\lfloor \frac{c - 15}{3} \right\rfloor.$$

Dabei wird aber ignoriert, daß $m_h(c+25) = m_h(c) + 8$ gelten muß, will sagen, der Viererschritt nach jedem 7. Dreierschritt wird ignoriert; in Abständen von der Jahrhundertzahl $c = 18$ ausgedrückt, muß bei der Jahrhundertzahl $c =$

---

[5]Diese Gleichung benutzt die in [10] korrigierte Version der Formel aus [6], s. Kap. 1.
[6]Dies war *Gauß*ens Fehler in [6], s. Kap. 1.

$$s(1583) = 15 - 3 - 2 = 10 \qquad m(1583) = 3$$
$$s(1600) = 16 - 4 - 2 = 10 \qquad m(1600) = 3$$
$$s(1699) = 16 - 4 - 2 = 10 \qquad m(1700) = 3$$
$$s(1700) = 17 - 4 - 2 = 11 \qquad m(1800) = 4$$
$$s(1800) = 18 - 4 - 2 = 12 \qquad m(1900) = 4$$
$$s(1900) = 19 - 4 - 2 = 13 \qquad m(2000) = 4$$
$$s(2000) = 20 - 5 - 2 = 13 \qquad m(2100) = 5$$
$$s(2100) = 21 - 5 - 2 = 14 \qquad m(2200) = 5$$

mit   mit

$$s(j) \quad = (j/100) - (j/400) - 2 \qquad m(j) \quad = (8 \cdot (j/100) + 13)/25 - 2$$

Tafel 8.2: Die Sonnengleichung $s(j)$ und die Mondgleichung $m(j)$

$18 + 24$ erstmalig und dann regelmäßig nach jeweils weiteren 25 Jahrhunderten um 1 korrigiert werden, was wegen $25 = (18 + 24) - 17$ zu dem modifizierten Ansatz

$$m_h(c) = \left\lfloor \frac{c - 15 - \left\lfloor \frac{c-17}{25} \right\rfloor}{3} \right\rfloor .$$

führt.

Wir prüfen, ob der Ansatz korrekt ist; geduldiges Nachrechnen ergibt, daß die 3. Gleichung des Lemmas 8.5 für $\left\lfloor \frac{y}{100} \right\rfloor \in \{15, 16, 17\}$ den Wert $m(y) = 3$ und für $\left\lfloor \frac{y}{100} \right\rfloor = 18$ den Wert $m(y) = 4$ ergibt, wie gefordert.

Jede Jahreszahl $y \geq 1800$ ergibt eine Jahrhundertzahl $c = \left\lfloor \frac{y}{100} \right\rfloor$ mit $c \geq 18$. Der Euklidische Algorithmus 15.1 führt zu eindeutig bestimmen Zahlen $q, r \in \mathbb{Z}$ mit $c - 18 = 25q + r$ mit $0 \leq r < 25$. Aus dieser Darstellung folgt das gewünschte Änderungsverhalten, indem man zunächst (17.3.v) oder (17.3.vi) anwendet, abhängig davon, ob $r = 24$ oder $r < 24$ ist, und anschließend noch (17.3.iv) verwendet.

8.5 Lemma (Mondgleichungsfunktion). *Bezeichnet man für ein Jahr $y \geq$ 1582 seine Jahrhundertzahl $\left\lfloor \frac{y}{100} \right\rfloor$ mit c, so gibt die Funktion*

$$m(y) = \left\lfloor \frac{8c + 13}{25} \right\rfloor - 2 = \left\lfloor \frac{c - \left\lfloor \frac{c+8}{25} \right\rfloor + 1}{3} \right\rfloor - 2 = \left\lfloor \frac{c - 15 - \left\lfloor \frac{c-17}{25} \right\rfloor}{3} \right\rfloor + 3$$

die Zahl der Tage an, um die die Epakte jährlich zusätzlich zu den aus dem Julianischen Kalender übernommenen 11 mod 30 Tagen erhöht werden muß, um die Regeln 8.2 (iii) und 8.4 zu erfüllen.

Die Verbesserung der Osterberechnung war sicher das wichtigste Teilziel der Kalenderreform und so ist es eine gute Idee, die Ostergrenze, wie sie in Satz 5.9 angegeben ist, durch die Sonnen- und die Mondgleichung zu korrigieren: zusammen mit 8.3, 8.5 und 15.9 hat dann die Ostergrenze eines Jahres $y \geq 1582$

der goldenen Zahl $g(y) = (y \bmod 19) + 1 \in \mathbb{G}$ den Abstand von

$$D(y) = (M(y) + 19 \cdot (y \bmod 19)) \bmod 30$$
$$= (15 + s(y) - m(y) + 19 \cdot (y \bmod 19)) \bmod 30$$

Tagen zum Frühlingsanfang, wenn man

$$M(y) = (15 + s(y) - m(y)) \bmod 30$$

setzt. [7]

Welches sind nun die Konsequenzen der verbesserten Näherung des Ostervollmonds? Nun, die goldene Zahl bestimmt nicht mehr allein die Ostergrenze, es ist noch der Term $M(y)$ zu berücksichtigen, der innerhalb der Jahrhunderte unverändert bleibt und sich nur beim Wechsel der Jahrhundertzahl ändern kann. [8] Für das Jahr 1905 ergibt sich $D(1905) = (15 + 13 - 4 + 19 \cdot 5) \bmod 30 = 29$, d.h. der Ostervollmond fällt auf den 19. April, späteste Ostergrenze des alten Stils ist aber der 18. April und die Reform verstieß somit gegen die Tradition, mit der die Kalenderkommission nicht brechen wollte.

Der vorhergehende Vollmond ist am 20. März, wenn man, wie es im Kalender alten Stils der Fall ist, die Osterlunationen stets als hohl voraussetzt. [9] Die Kommission entschied daher, die Ostergrenze 19. April regelmäßig auf den 18. April vorzuverlegen. Das Jahr 1905 hat damit die reformierte Ostergrenze 18. April und elf Jahre später, 1916, tritt dieses Datum erneut auf, denn $D(1916) = (15 + 13 - 4 + 19 \cdot 16) \bmod 30 = 28$, und die Tradition war erneut gebrochen; im *Meton*ischen Zirkel wiederholen sich die Ostervollmonde nämlich nicht. Um Wiederholungen zu vermeiden, mußte die Osterberechnung weiter ergänzt werden:

> Wenn in einem 19-jährigen Zyklus[10] ein Jahr y_1 den Abstand $D(y_1) = 28$ ebenso hat wie ein weiteres Jahr y_2 den Abstand $D(y_2) = 29$, so wird $D(y_1) = 27$ und $D(y_2) = 28$ gesetzt. [11]

Die Regel läßt sich einfacher formulieren: Gleichung (17.1.iii) impliziert, daß auf eine Ostergrenze der goldenen Zahl $g \in \mathbb{G}$ genau dann die um einen Tag frühere im gleichen 19-jährigen Zyklus folgt, wenn $g + 11 \leq 19$ ist, sprich genau dann, wenn die goldene Zahl der früheren Grenze größer 11 ist; diese Situation kann in 19 aufeinander folgenden Jahren höchstens einmal auftreten, mithin kommt zu keiner Ostergrenze zugleich die zwei Tage frühere vor. Der Ostergrenzenbestimmung dient damit folgende Regel:

---

[7] Achtung: Die Epakten wurden schon für das Jahr 1582 reformiert, auch wenn das Osterfest dieses Jahres noch nach dem Julianischen Kalender bestimmt wurde; das Jahr 1583 ist das erste, auf das die reformierte Osterberechnung angewandt wird.

[8] Es ist dabei unerheblich, ob wir die Jahrhunderte mit einem zentesimalen Jahr beginnen, oder erst ein Jahr später.

[9] In Teil III werden wir erkennen, daß sich diese Tradition nicht bewahren läßt.

[10] *Meton*isch sollte man ihn nicht mehr nennen!

[11] Wir werden gleich sehen, daß der Abstand 27, will sagen die Ostergrenze 17. April, unter den genannten Bedingungen nicht schon vorher auftreten kann.

8.6 Kalenderregel (*Bach*sche Ostergrenzen-Regel). Die Ostergrenze eines Jahres $y \geq 1583$ der goldenen Zahl $g(y) = (y \bmod 19) + 1 \in \mathbb{G}$ hat den Abstand von $\mathrm{D}(y)$ Tagen zum Frühlingsanfang; der Osterneumond hat den gleichen Abstand vom 8. März. Setzt man

$$\mathrm{M}(y) = (15 + \mathrm{s}(y) - \mathrm{m}(y)) \bmod 30 \quad \text{und} \quad c = \left\lfloor \frac{y}{100} \right\rfloor,$$

so ist

$$\begin{aligned}
\mathrm{D}(y) &= (\mathrm{M}(y) + 19 \cdot (y \bmod 19)) \bmod 30 \\
&= (15 + \mathrm{s}(y) - \mathrm{m}(y) + 19 \cdot (y \bmod 19)) \bmod 30 \\
&= \left(15 + c - \left\lfloor \frac{c}{4} \right\rfloor - \left\lfloor \frac{8c + 13}{25} \right\rfloor + 19 \cdot (y \bmod 19) \right) \bmod 30 \\
&= \left(10 + \left\lfloor \frac{3(c+1)}{4} \right\rfloor - \left\lfloor \frac{c - 15 - \left\lfloor \frac{c-17}{25} \right\rfloor}{3} \right\rfloor + 19 \cdot (y \bmod 19) \right) \bmod 30,
\end{aligned}$$

abgesehen von zwei Sonderfällen, *Bach*sche Korrektur genannt:

1. Die späteste Ostergrenze $\mathrm{D}(y) = 29$, der 19. April, wird regelmäßig in den 18. April umgeändert.

2. Die davor liegende Ostergrenze $\mathrm{D}(y) = 28$, der 18. April, wird in den 17. April umgeändert, wenn die goldene Zahl größer 11 ist. $\qquad \square$

Die Regel, insbesondere die beiden Sonderbestimmungen, heißen in der neueren Literatur nach *Bach* – so bei *Zemanek* ([32], S. 53) –, da dieser sie formulierte, s. [1], S. 32 und S. 34f. Bei *Grotefend*, *Ginzel* und *Kaltenbrunner* findet sich keine solche Regel, dort wird die Ostergrenze mittels des immerwährenden Gregorianischen Kalenders errechnet, s. Teil III. Die *Bach*sche Regel ergibt sich, als Ostergrenzensatz 14.3 formuliert, aus dem Regelwerk des immerwährenden Kalenders, insbesondere aber der Epaktenverschiebungs-Regel 14.1, als notwendige Konsequenz. Falls ein interessierter Leser bei *Bach* nachliest, so sei er gewarnt: es wird dort – nach meinem Dafürhalten – unzulässig an vielen Stellen mit Schaltjahren argumentiert, und zwar deshalb unzulässig, weil zwar auf die Existenz von Schaltjahren und -monaten hingewiesen wird, aber sonst nichts gesagt wird, was ihre Wirkung genau beschreibt. So gelangt *Bach* mittels zweifelhafter Argumente zu richtigen Ergebnissen, wovor wir uns hüten werden, wenn wir, dieses Kapitel abschließend, aus der Ostergrenzenregel 8.6 weitere Eigenschaften der reformierten Ostergrenze ableiten, die zum Herleiten der Osterformeln 10.7 und 10.6 benötigt werden.

Der Beweis des folgenden Satzes wird nämlich rein mathematisch geführt, ohne mit vollen oder hohlen Monaten oder dem Mondalter eines Tages zu argumentieren, wissen wir doch nicht, ob die reformierten Ostermonate nach wie vor hohl und ihre unmittelbaren Vorgänger voll sind; näheres im schon erwähnten Teil III.

8.7 Korollar. *Sei ein Jahr* $y \geq 1583$ *mit der goldenen Zahl* $g = y \bmod 19 + 1$ *und der Jahrhundertzahl* $c = \lfloor \frac{y}{100} \rfloor$ *gegeben. Setzt man*

$$T = \left\lfloor \frac{c - 15 - \lfloor \frac{c-17}{25} \rfloor}{3} \right\rfloor - \left\lfloor \frac{3(c+1)}{4} \right\rfloor + 8 + 11g$$

und

$$U = \left\lfloor \frac{8(c+1) + 5}{25} \right\rfloor - \left\lfloor \frac{3(c+1)}{4} \right\rfloor + 3 + 11g,$$

so gilt:

Der Vorlauf der Ostergrenze des Jahres y *vor dem 19. April beträgt* $V = T \bmod 30 = U \bmod 30$ *Tage, wobei korrigiert werden muß:*

(8.7.i)

    1. Der Vorlauf $V = 0$ *wird stets in* $V = 1$ *geändert.*

    2. Der Vorlauf $V = 1$ *wird in* $V = 2$ *geändert, wenn* $g > 11$ *ist.*

und

Der Vorlauf der Ostergrenze des Jahres y *vor dem 13. April beträgt, wenn man* $W = (T - 6) \bmod 30 = (U - 6) \bmod 30$ *setzt,*

$$V = \begin{cases} W - 30 & \text{falls } 24 \leq W \leq 29, \\ W & \text{sonst} \end{cases}$$

(8.7.ii)

Tage, wobei korrigiert werden muß:

    1. Der Vorlauf $V = -6$ *wird stets in* $V = -5$ *geändert.*

    2. Der Vorlauf $V = -5$ *wird in* $V = -4$ *geändert, wenn* $g > 11$ *ist.*

Beweis. Wir bezeichnen mit D die in Regel 8.6 angegebene Tagesanzahl, in der die Ostergrenze auf den 21. März folgt.

zu (8.7.i). Es ist $V = 29 - D$ und $0 \leq V \leq 29$, also $V = (29 - D) \bmod 30$ und es gelten die folgenden Kongruenzen, deren letzte die erste Gleichung zeigt.

$$V \equiv 29 - \left(10 + \left\lfloor \frac{3(c+1)}{4} \right\rfloor - \left\lfloor \frac{c - 15 - \lfloor \frac{c-17}{25} \rfloor}{3} \right\rfloor + 19(y \bmod 19) \right) \quad (\bmod\ 30)$$

$$\equiv 19 - \left\lfloor \frac{3(c+1)}{4} \right\rfloor + \left\lfloor \frac{c - 15 - \lfloor \frac{c-17}{25} \rfloor}{3} \right\rfloor + 11(y \bmod 19) \quad (\bmod\ 30)$$

$$\equiv 8 - \left\lfloor \frac{3(c+1)}{4} \right\rfloor + \left\lfloor \frac{c - 15 - \lfloor \frac{c-17}{25} \rfloor}{3} \right\rfloor + 11\,(y \bmod 19 + 1) \quad (\bmod\ 30)$$

Die zweite Gleichung ergibt sich aus der letzten der folgenden drei Kongruenzen

$$V \equiv 29 - \left(15 + \left\lfloor \frac{3(c+1)}{4} \right\rfloor - 2 - \left\lfloor \frac{8(c+1)+5}{25} \right\rfloor + 2 + 19(y \bmod 19)\right) \quad (\bmod\ 30)$$

$$\equiv \left\lfloor \frac{8(c+1)+5}{25} \right\rfloor - \left\lfloor \frac{3(c+1)}{4} \right\rfloor + 14 + 11(y \bmod 19) \quad (\bmod\ 30)$$

$$\equiv \left\lfloor \frac{8(c+1)+5}{25} \right\rfloor - \left\lfloor \frac{3(c+1)}{4} \right\rfloor + 3 + 11\,(y \bmod 19 + 1) \quad (\bmod\ 30)$$

zu (8.7.ii). Es ist $V_{19} := T \bmod 30 = U \bmod 30$ gemäß (8.7.i) der ggf. zu korrigierende Vorlauf der Ostergrenze vor dem 19. April. Wir führen den Beweis mittels $(T-6) \bmod 30$, da trivialerweise $(T-6) \bmod 30 = (U-6) \bmod 30$.

1. Fall $24 \leq (T-6) \bmod 30 \leq 29$. Dann ist $0 \leq V_{19} \leq 6$ und $V = -(6-V_{19}) = V_{19} - 6$ mit $-6 \leq V \leq 0$ und es gelten die Kongruenzen

$$V \equiv V_{19} - 6 \qquad\qquad (\bmod\ 30)$$
$$\equiv T - 6 \qquad\qquad (\bmod\ 30)$$
$$\equiv (T-6) \bmod 30 \qquad\qquad (\bmod\ 30),$$

was insgesamt $V = ((T-6) \bmod 30) - 30$ ergibt; es bleibt, diesen Wert ggf. zu korrigieren: Ist $V_{19} = 0$, so ist $V = -6$ und es ist dann $V = -5$ der korrekte Wert. Ist $V_{19} = 1$, so ist $V = -5$ und es ist dann $V = -4$ der korrekte Wert, sofern $g > 11$.

2. Fall $0 \leq (T-6) \bmod 30 < 24$. Dann ist $6 < V_{19} \leq 29$ und $V = V_{19} - 6$ mit $0 < V \leq 23$, also $V = V \bmod 30$ und

$$V \equiv V_{19} - 6 \qquad\qquad (\bmod\ 30)$$
$$\equiv T - 6 \qquad\qquad (\bmod\ 30)$$

und schließlich $V = (T-6) \bmod 30$; da hier niemals korrigiert zu werden braucht, ist alles bewiesen. $\qquad\square$

Teil II

Wochentagsberechnung und Osterformeln

9 Wochentagsberechnung

Für die Wochentagsberechnung werden allein die Sonnenjahre des Julianischen und des Gregorianischen Kalenders herangezogen, die Mondjahre spielen keine Rolle. Wir schließen uns der Übung der Astronomen an, den Julianischen Kalender beliebig in die Vergangenheit zu extrapolieren ([25], S. 72 f.) und insbesondere statt vom Jahr 1 v.Chr. vom Jahr 0 zu sprechen, auch wenn dies in der Chronologie anders gehandhabt wird: hier hat die möglichst einfache mathematische Modellierung Vorrang vor der Praxis der Komputisten und Chronologen.

Da sich die sieben traditionellen Wochentage Montag, Dienstag, Mittwoch, Donnerstag, Freitag, Sonnabend und Sonntag bekanntlich alle sieben Tage wiederholen, ist es offensichtlich, daß sie mittels der modularen Arithmetik berechnet werden können; wir formalisieren die damit verbundenen intuitiven Vorstellungen.

9.1 Definition (Wochentagskodierung). Wir modellieren die Wochentage Montag bis Sonntag mathematisch als Zahlen des Intervalls

$$[0, 6] \cap \mathbb{Z} = \{z \bmod 7 \mid z \in \mathbb{Z}\},$$

den Resten mod 7, die wir Wochentagskodes nennen.

Es wird aber keine feste Zuordnung der Zahlen zu den Wochentagen gewählt, sondern diese wird vielmehr so festgelegt, wie es im jeweiligen Zusammenhang nützlich und sinnvoll ist. Es versteht sich von selber, daß die Kodierung der Wochentage mit deren Anordnung verträglich sein muß: folgt ein Kalendertag k_2 unmittelbar auf den Kalendertag k_1, so muß gelten

$$\mathrm{w}(k_2) = \begin{cases} \mathrm{w}(k_1) + 1 & \text{falls } \mathrm{w}(k_1) < 6, \\ 0 & \text{sonst;} \end{cases}$$

der frei gewählte Kode genau eines Wochentags bestimmt jene der restlichen. $\square$

Der folgende Satz ist die Grundlage der Wochentagsberechnung; wir wenden ihn künftig ohne weiteren Hinweis an, da man seine Aussage für offensichtlich halten kann.

9.2 Satz. *Sei* $\mathrm{w}(k) \in [0, 6] \cap \mathbb{Z}$ *der Wochentagskode eines Kalendertags* k. *Ist* $n \in \mathbb{Z}$, *so ist* $(\mathrm{w}(k) + n) \bmod 7$ *der Wochentagskode des* n *Tage von* k *entfernten Kalendertags, d.h. jenes Kalendertags, der* n *Tage auf* k *folgt, falls* $n \geq 0$, *oder aber* $-n$ *Tage vor* k *liegt, falls* $n < 0$.

Tagesbeschreibung	Definition	Frühester Termin
Wechsel von Winter- zu Sommerzeit	Letzter Sonntag im März	25. März
Muttertag[1]	2. Sonntag im Mai	8. Mai
Wechsel von Sommer- zu Winterzeit	Letzter Sonntag im Oktober	25. Oktober
Volkstrauertag	Sonntag vor Totensonntag	13. November
Buß- und Bettag	Mittwoch vor Totensonntag	16. November
Totensonntag	Letzter Sonntag des Kirchenjahres	20. November
1. Advent	4. Sonntag vor Weihnachten, zugleich Beginn des Kirchenjahres	27. November
2. Advent	3. Sonntag vor Weihnachten	4. Dezember
3. Advent	2. Sonntag vor Weihnachten	11. Dezember
4. Advent	1. Sonntag vor Weihnachten	18. Dezember

Tafel 9.1: Die Tage, die auf einen festen Wochentag fallen.

Um zu gegebenem Jahr ein Tagesdatum zu bestimmen, errechne man zunächst seinen frühesten möglichen Termin - was für die tabulierten Tage schon geschehen ist - und justiere anschließend die Wochentagsformel dieses Tages so, daß der definierende Wochentag die Restklasse 0 erhält. Das gesuchte Datum folgt dann $\delta_k(j) = (7 - w_k(j)) \bmod 7$ Tage auf den frühesten Termin k.

Für den Buß- und Bettag des Gregorianischen Kalenders ergibt dies die Formel

$$\delta_{(16,11)}(j) = (6 + 2 \cdot (j \bmod 4) + 4 \cdot (j \bmod 7) + 2 \cdot ((j/100) \bmod 4) + 6 \cdot ((j/100) \bmod 7)) \bmod 7;$$

die anderen Tage möge der Leser übungshalber selber berechnen.

Der Muttertag ist in Deutschland kein gesetzlicher Feier- oder Gedenktag; er wurde von US-amerikanischen Methodisten eingeführt und breitete sich auch in Europa aus. In Deutschland sorgte der »Verband Deutscher Blumengeschäftsinhaber« für seine Verbreitung, woraus sich wohl auch die Regelabweichung im Jahre 2008 erklärt, in dem der 11. Mai sowohl der 2. Sonntag im Mai ist, wie auch der Gregorianische Pfingstsonntag. Einige Kalendarien geben für 2008 den regulären 11. Mai als Muttertag an, andere verlegen ihn eine Woche vor.

Beweis. Zunächst setzen wir $w = \mathrm{w}(k)$. *1. Fall $n \geq 0$.* Wir zeigen diesen Fall durch vollständige Induktion nach $n \in \mathbb{N}$; zum Induktionsanfang $n = 0$ gibt es nichts zu beweisen. Die Behauptung gelte also für beliebiges $n \geq 0$. Damit ist $r = (w + n) \bmod 7$ der Wochentagskode des n Tage auf k folgenden Kalendertags, genauer gilt

$$(9.2.\star) \qquad w + n = 7q + r \text{ mit } 0 \leq r < 7 \text{ und } q = \left\lfloor \frac{w+n}{7} \right\rfloor.$$

Ist $r < 6$, so ist $r + 1$ der Wochentagskode des $n + 1$ Tage auf k folgenden Kalendertags und $(9.2.\star)$ führt sofort zu $w + (n + 1) = 7q + (r + 1)$ mit $0 \leq r + 1 \leq 6$ und wir sind fertig.

Ist hingegen $r = 6$, so ist 0 der Wochentagskode des $n + 1$ Tage auf k folgenden Kalendertags und $(9.2.\star)$ ergibt $w + (n+1) = 7q + (r+1) = 7(q+1)$ und wir sind erneut fertig.

2. Fall $n < 0$. Sei v der Wochentagskode des n Tage von k entfernten Kalendertags, d.h. jenes Kalendertags, der $-n$ Tage vor k liegt. Nach dem bereits bewiesenen 1. Fall ist dann $w = (v + (-n)) \bmod 7$, mithin $w \equiv v + (-n)$ $(\bmod\ 7)$, also $v \equiv w + n$ $(\bmod\ 7)$ und schließlich $v = v \bmod 7 = (w+n) \bmod 7$, was zu beweisen war. $\qquad \square$

Im folgenden ist „$/$"stets die ganzzahlige Division, wie in 15.3 definiert.

9.3 Satz (1. Wochentagssatz). *Sei $k = (t, m)$ der t-te Tag des Monats $m > 2$. Dann gibt es ein $a_k \in [0,\ 7] \cap \mathbb{Z}$ derart, daß für jedes Jahr j des Julianischen Kalenders gilt*

$$\mathrm{w}_{k,jul}(j) = (a_k + 5\,(j \bmod 4) + 3\,(j \bmod 7)) \bmod 7.$$

Ist $c = j/100$, so erhält man den Wochentag im Gregorianischen Kalender, indem man zu $w_{k,jul}(j)$ die negative Sonnenangleichung

$$\Delta(c) = (-\,\mathrm{s}(j)) \bmod 7$$
$$= (2 + (j/400) - (j/100)) \bmod 7,$$
$$= (5(c \bmod 4) + (c \bmod 7) + 2) \bmod 7$$

addiert und erneut den Rest bildet

$$\mathrm{w}_{k,greg} = (w_{k,jul}(j) + \Delta(c)) \bmod 7.$$

Beweis. Es ist

$$j = 4 \left\lfloor \frac{j}{4} \right\rfloor + \underbrace{(j \bmod 4)}_{b}.$$

Ist $a_k \in [0,\ 7] \cap \mathbb{Z}$ der Wochentagskode des Tages im Jahre 0, so beträgt er im Jahre j

$$\mathrm{w}_{k,jul}(j) = \left(a_k + 5\frac{j-b}{4} + b \right) \bmod 7 \text{ mit } \frac{j-b}{4} \in \mathbb{Z},$$

da sich der Wochentagskode pro Schaltperiode um 5 Tage mod 7 und noch je einen Tag für die restlichen $0 \leq b < 4$ Tage weiter bewegt. Wir formen nun mod 7 um, d.h. addieren ganzzahlige Vielfache von 7, wodurch sich der Rest mod 7 nicht verändert.

$$a_k + 5\frac{j-b}{4} + b \equiv a_k + 5\left(\frac{j-b}{4} + 7\frac{j-b}{4}\right) + b \qquad (\mathrm{mod}\ 7)$$

$$\equiv a_k + 5\frac{8j-8b}{4} + b \qquad (\mathrm{mod}\ 7)$$

$$\equiv a_k + 10(j-b) + b \qquad (\mathrm{mod}\ 7)$$

$$\equiv a_k + 3j - 2b \qquad (\mathrm{mod}\ 7)$$

$$\equiv a_k + 3(j\ \mathrm{mod}\ 7) + 5(j\ \mathrm{mod}\ 4) \qquad (\mathrm{mod}\ 7),$$

mithin

$$\mathrm{w}_{k,jul}(j) = (a_k + 3(j\ \mathrm{mod}\ 7) + 5(j\ \mathrm{mod}\ 4))\ \mathrm{mod}\ 7.$$

Für den Gregorianischen Teil argumentieren wir: es ist $j/400 = c/4$ nach (15.12.xiv) und der Wochentagskode des Jahres 0 verschiebt sich zusätzlich zu den im Julianischen Kalender berücksichtigten Tagen um die negative Sonnengleichung, d.h. um weitere $(-c + c/4 + 2)\ \mathrm{mod}\ 7$ Tage. Wie oben formen wir um:

$$-c + c/4 + 2 \equiv -c + \frac{c - (c\ \mathrm{mod}\ 4)}{4} + 2 \qquad (\mathrm{mod}\ 7)$$

$$\equiv -c + \frac{c - (c\ \mathrm{mod}\ 4) + 7c}{4} + 2 \qquad (\mathrm{mod}\ 7)$$

$$\equiv -c + \frac{8c - 8(c\ \mathrm{mod}\ 4)}{4} + 2 \qquad (\mathrm{mod}\ 7)$$

$$\equiv -c + 2c - 2(c\ \mathrm{mod}\ 4) + 2 \qquad (\mathrm{mod}\ 7)$$

$$\equiv c - 2(c\ \mathrm{mod}\ 4) + 2 \qquad (\mathrm{mod}\ 7)$$

$$\equiv c + 7(c\ \mathrm{mod}\ 4) - 2(c\ \mathrm{mod}\ 4) + 2 \qquad (\mathrm{mod}\ 7)$$

$$\equiv (c\ \mathrm{mod}\ 7) + 5(c\ \mathrm{mod}\ 4) + 2 \qquad (\mathrm{mod}\ 7). \qquad \square$$

9.4 Bemerkung. Die Bedingung $m > 2$ des 1. Wochentagssatzes ist keine Beschränkung der Allgemeinheit; sie stellt sicher, daß ein möglicher Schalttag des Jahres j vor dem betrachteten Tag liegt. Für die Tage des Januar und Februar ersetze man die Jahreszahl j durch $j + 1$ und m durch $m + 9$, oder anders gesagt beginnt das Jahr für unsere Zwecke dann am 1. März, um die Unregelmäßigkeit, den Schalttag, ans Jahresende zu legen. $\qquad \square$

Zur späteren Verwendung in den Beweisen der Osterformeln 10.1 bis 10.5 zeigen wir:

9.5 Korollar. *Justieren wir die Wochentagsskala so, daß der Sonnabend den Code 0 bekommt, so hat der 21. März die Wochentagskodes*

$$\mathrm{w}_{(21,3)} = (1 + 5\,(j \bmod 4) + 3\,(j \bmod 7)) \bmod 7 \; \textit{Julianisch}$$

$$\mathrm{w}_{(21,3)} = (1 + 5\,(j \bmod 4) + 3\,(j \bmod 7)$$
$$+ 5\,((j/100) \bmod 4) + ((j/100) \bmod 7) \bmod 7 \; \textit{Gregorianisch}.$$

Der 21. März des Jahres 1 v.Chr. fällt auf einen Sonntag.

Beweis. Einem Kalendarium des Jahres 2008 entnehmen wir, daß der 21.03.2008 G ein Freitag ist, also den Kode 6 hat. Aus 2008 mod 4 = 0, 2008 mod 7 = 6 und $-s(j) \bmod 7 = 1$ ergibt sich zwingend $a_{(21,3)} = 1$ und es ist alles bewiesen. $\qquad\square$

Das folgende Lemma breitet den Satz vor, daß kein Wochentag auf Dauer ausgelassen werde.

9.6 Lemma. *Sei $a \in [0,6] \cap \mathbb{Z}$ gegeben und definiert man die Abbildung*

$$[0,3] \cap \mathbb{Z} \times [0,6] \cap \mathbb{Z} \ni (b,x) \overset{g_a}{\longmapsto} (5b + 3x + a) \bmod 7 \in [0,6] \cap \mathbb{Z},$$

so gibt es zu jedem $c \in [0,6] \cap \mathbb{Z}$ und $b \in [0,3] \cap \mathbb{Z}$ ein $x \in [0,6] \cap \mathbb{Z}$ mit $g_a(b,x) = c$.

Beweis. Seien $a, c \in [0,6] \cap \mathbb{Z}$ und $b \in [0,3] \cap \mathbb{Z}$ gegeben. Dann reicht es, die Kongruenz

$$5b + 3x + a \equiv c \qquad\qquad (\bmod\ 7)$$

zu lösen, die wir dazu äquivalent umformen.

$$3x \equiv c - a - 5b \qquad\qquad (\bmod\ 7)$$
$$\equiv c + 7a - a + 7b - 5b \qquad (\bmod\ 7)$$
$$\equiv \underbrace{6a + 2b + c}_{u} \qquad\qquad (\bmod\ 7)$$

Aus (B.1) folgt $u = (-2u)3 + 7u$, mithin löst $x := (-2u) \bmod 7$ die Kongruenz. $\qquad\square$

9.7 Satz (Ewiges Wochentagsvorkommen). *Sei j ein Jahr und $k = (t,m)$ der t-te Tag des Monats m. Dann gibt es sowohl im Julianischen wie im Gregorianischen Kalender ein Jahr $j' \geq j$, an dem k auf einen vorgegebenen Wochentag w fällt.*

Beweis. I. *Julianischer Kalender.* Es sei a_k wie im 1. Wochentagssatz gewählt und wir betrachten die Abbildung

$$\mathbb{N} \ni j \overset{f}{\longmapsto} (j \bmod 4, j \bmod 7) \in [0,3] \cap \mathbb{Z} \times [0,6] \cap \mathbb{Z}$$

sowie die Komposition $g_{a_k} \circ f : \mathbb{N} \longrightarrow [0, 6] \cap \mathbb{Z}$, wobei g_{a_k} die Abbildung des vorhergehenden Lemmas sei. Zu $w \in [0, 6] \cap \mathbb{Z}$ gibt es dann $v \in [0, 3] \cap \mathbb{Z}$ und $s \in [0, 6] \cap \mathbb{Z}$ mit $g_{a_k}(v, s) = w$.

Setzt man $x := 8v - 7s$, so ist $x \bmod 4 = v$ und $x \bmod 7 = s$ wegen (B.1), wie man sofort nachrechnet. Auf Grund des allgemeinen Euklidischen Algorithmus kann die Zahl x durch jede andere ersetzt werden, die sich von ihr durch ein ganzzahliges Vielfaches von $28 = \text{kgV}(4, 7)$ unterscheidet; es ist

$$j - x = 28 \left\lfloor \frac{j - x}{28} \right\rfloor + ((j - x) \bmod 28) \text{ und damit}$$

$$j = x + 28 \left\lfloor \frac{j - x}{28} \right\rfloor + ((j - x) \bmod 28).$$

Wir setzen also

$$j' = \begin{cases} x + 28 \left\lfloor \frac{j-x}{28} \right\rfloor & \text{falls } ((j - x) \bmod 28) = 0, \\ x + 28 \left(\left\lfloor \frac{j-x}{28} \right\rfloor + 1 \right) & \text{sonst.} \end{cases}$$

II. Gregorianischer Kalender. Wir nutzen die Tatsache, daß der Gregorianische Kalender stückweise Julianisch ist, genauer ersetzen wir die Funktion g_{a_k} der Überlegungen zum Julianischen Kalender durch $g_{a_k + \Delta(j/100)}$ und berechnen j' wie oben, wobei Δ wie im 1. Wochentagssatz definiert ist. Ist $\Delta(j/100) = \Delta(j'/100)$, so sind wir fertig, anderenfalls nehmen wir als Ausgangsjahr nicht j sondern $\left\lfloor \frac{j'}{100} \right\rfloor \cdot 100 = (j'/100) \cdot 100$; da sich Δ frühestens alle 100 Jahre ändert, kommen wir jetzt zum Ziel. $\qquad \square$

Die auf Tafel 9.1 auf Seite 70 angegebenen Tage des bürgerlichen und kirchlichen Jahres sind Beispiele von Feier- oder Gedenktagen, die durch einen Wochentag und eine zeitliche Relation zu einem festen Tag eines festen Monats definiert sind.

9.8 Satz (2. Wochentagssatz). *Sei $k = (t, m)$ der t-te Tag des Monats $m > 2$ und $a_k \in [0, 7] \cap \mathbb{Z}$ sein Wochentagskode im Jahre 0. Dann gilt für jedes Jahr j des Julianischen Kalenders*

$$\text{w}_{k,jul}(j) = \left(a_k + \left\lfloor \frac{5j}{4} \right\rfloor \right) \bmod 7.$$

Beweis. Es ist

$$(9.8.\star) \qquad\qquad j = 4 \left\lfloor \frac{j}{4} \right\rfloor + \underbrace{(j \bmod 4)}_{b}.$$

Ist $a_k \in [0, 7] \cap \mathbb{Z}$ der Wochentagskode des Tages im Jahre 0, so beträgt er im Jahre j

$$\text{w}_{k,jul}(j) = \left(a_k + 5 \left\lfloor \frac{j}{4} \right\rfloor + b \right) \bmod 7,$$

da sich der Wochentagskode pro Schaltperiode um 5 Tage mod 7 und noch je einen Tag für die restlichen $0 \leq b < 4$ Tage weiter bewegt. Andererseits folgt aus (9.8.$\star$)

$$\frac{5j}{4} = 5 \left\lfloor \frac{j}{4} \right\rfloor + \frac{5b}{4},$$

mithin

(9.8.$\star\star$)
$$\left\lfloor \frac{5j}{4} \right\rfloor = 5 \left\lfloor \frac{j}{4} \right\rfloor + \left\lfloor \frac{5b}{4} \right\rfloor,$$

da ganzzahlige Summanden aus dem Argument der $\lfloor \cdot \rfloor$-Funktion herausgezogen werden können. Wegen $b < \frac{5}{4}b = b + \frac{1}{4}b < b + \frac{4}{4}$ ist $\lfloor \frac{5b}{4} \rfloor = b$, aus (9.8.$\star\star$) ergibt sich damit $\lfloor \frac{5j}{4} \rfloor = 5 \lfloor \frac{j}{4} \rfloor + b$ und es ist alles bewiesen. $\qquad \square$

9.9 Korollar. *Justieren wir die Wochentagsskala so, daß der Sonntag den Code 0 erhält, und numerieren wir ferner die Tage des März und April, beginnend mit dem 1. März, der die Nummer 1 erhält, so hat der Tag n im Jahr j den Wochentagskode*

$$\mathrm{w}_n(j) = \left(n + \left\lfloor \frac{5j}{4} \right\rfloor \right) \bmod 7 \quad \text{Julianisch.}$$

Beweis. Im Jahre 1 v.Chr., einem Schaltjahr, ist der 29. Februar ein Sonntag, da der 21. März des gleichen Jahres ebenfalls einer ist, wie wir aus Korollar 9.5 wissen. Satz 9.2 ergibt damit den Wochentagskode $n \bmod 7$ für den Tag n im Jahre 0, so daß der 2. Wochentagssatz zu

$$\mathrm{w}_n(j) = \left((n \bmod 7) + \left\lfloor \frac{5j}{4} \right\rfloor \right) \bmod 7$$

und (15.8.ii) schließlich zu

$$\mathrm{w}_n(j) = \left(n + \left\lfloor \frac{5j}{4} \right\rfloor \right) \bmod 7$$

führt. $\qquad \square$

Die Herleitung der Osterformeln

10 Einige Osterformeln und ihre Herleitung

Die Osterformeln werden in der Form von [25], S. 81 ff dargestellt – die auf [6], S. 128 zurückgeht –, ausgenommen jene von *Knuth*, die in ihrer originalen Form wiedergegeben werden.

10.1 Die Osterformeln von Gauß

10.1.1 Gaußens Formel für den Julianischer Kalender

10.1 Osterformel. *Gauß* (Julianischer Kalender) [1]

Man dividiere	durch	Quotient	Rest
das Jahr j	4	-	a
das Jahr j	7	-	b
das Jahr j	19	-	c
$(15 + 19c)$	30	-	d
$(2a + 4b + 6 \cdot (d + 1))$	7	-	e
$d + e + 114$	31	f	g
f ist dann der Monat und $g + 1$ der Tag des Ostersonntags des Jahres j			

Rechnet man gemäß Osterformel 10.1, dann ist f der Monat und $g + 1$ der Tag des Ostersonntags des Jahres j.

Der Rest d ist die Ostergrenze des Jahres j nach Satz 5.9.

Es bleibt, den 1. Sonntag nach der Ostergrenze unter Ausschluß derselben zu finden. Dazu äquivalent ist es, den ersten Sonnabend beginnend mit der Ostergrenze zu ermitteln:[2] Ostersonntag ist dann immer der darauffolgende Tag. Wir justieren die Wochentagsskala so, daß die Restklasse 0 auf den Sonnabend fällt und unterscheiden zwei Fälle.

1.Fall. Der 21. März ist ein Sonnabend.

---

[1]Bevor ich im Jahre 2006 die Osterformel 10.1 bei *Bach* ([1]) und *Mayr* ([24]) nebst Herleitungen fand, wurde sie von mir aus Osterformel 10.3, genauer aus der in Anhang A, im Jahre 1993 abgeleitet. Es reichte dazu die knappe Darstellung des *computus* in [32], allerdings mußte die dortige Tafel T12 (a.a.O. S. 52) als gegeben hingenommen werden, was mir keine Ruhe ließ. — Vgl. auch [6], S. 78.

[2]Es ist dies der Tag nach Karfreitag, der Ostersonnabend, auch Karsamstag genannt; die Woche vor Ostern ist bekanntlich die Kar- oder Osterwoche.

Dann hat die Ostergrenze den Wochentag $d \bmod 7$ und wegen $d + 6d \equiv 7d \equiv 0 \pmod 7$ ist $((6d) \bmod 7)$ Tage später Sonnabend.

2. Fall. Der 21. März ist ein Wochentag $w \in [1,\, 6] \cap \mathbb{Z}$.

Jetzt ist w Tage früher Sonnabend als im 1. Fall. Da, wie in Korollar 9.5 gezeigt, der 21. März auf den Wochentag

$$\mathrm{w}(j) = (1 + 5a + 3b) \bmod 7$$

fällt, ist im Abstand von $6d - w(j) \equiv 6d + 6 + 2a + 4b \equiv 2a + 4b + 6 \cdot (d+1)$ $\pmod 7$ Tagen von der Ostergrenze Sonnabend.

Da im 1. Fall $w(j) \equiv 0 \pmod 7$, ist in beiden Fällen im Abstand von e Tagen von der Ostergrenze Sonnabend, mit anderen Worten:

(10.2) Der Ostersonnabend folgt im Abstand von $(d+e)$ Tagen auf den 21. März; numeriert man die Tage, beginnend mit dem 1. März, der die Nummer 1 erhält, so hat der Ostersonnabend die Nummer $(21 + d + e)$.

Es ist $114 = 3 \cdot 31 + 21$ und wir unterscheiden zwei Fälle.

1. Fall. Der Ostersonntag liegt im März.

Dann ist

$$0 \le d + e < 9$$

und

$$d + e + 114 = 3 \cdot 31 + \underbrace{d + e + 21}_{\le 30},$$

woraus $f = 3$ und $g = d + e + 21$ folgt, mithin ist f der Ostermonat und $g + 1 = d + e + 21 + 1$ der Märztag des Ostersonntags.

2. Fall. Der Ostersonntag liegt im April.

Es gilt

$$10 \le d + e \qquad < 36$$
$$124 = 4 \cdot 31 \le d + e + 114 < 150 = 4 \cdot 31 + 26,$$

also ist $f = 4$, sprich der Ostermonat. Andererseits ist

$$g \equiv d + e + 21 + 3 \cdot 31 \pmod{31}$$
$$g \equiv 21 + d + e \pmod{31}.$$

Da der Ostersonntag im April liegt, ist wegen (10.2)

$$31 \le 21 + d + e < 21 + 36 = 57,$$

folglich g der März- oder Apriltag des Ostersonnabends und schließlich $g+1$ der Apriltag des Ostersonntags und Osterformel 10.1 ist korrekt.

10.1.2 Gaußens Formel für den Gregorianischen Kalender

Die hier angegebene Formel ist die von mir modifizierte Formel aus Anhang A. Wie schon in Kapitel 1 erwähnt, wurde die *Bach*sche Korrektur gemäß der Kalenderregel 8.6 so in die Formel eingearbeitet, daß sie nicht ins Auge fällt.

10.3 Osterformel. *Gauß* (Gregorianischer Kalender)

$m := ((8 \cdot (j/100) + 13)/25 - 2, \; s := (j/100) - (j/400) - 2$			
Man dividiere	durch	Quotient	Rest
das Jahr j	4	-	a
das Jahr j	7	-	b
das Jahr j	19	-	c
$15 + s - m$	30	-	M
$6 + s$	7	-	N
$M + 19c$	30	-	d
$2a + 4b + 6d + N$	7	-	e
$c + 11d + 22e$	451	f	-
$d + e - 7f + 114$	31	n	p

n ist der Monat und $p + 1$ der Tag des s des Jahres j.

Rechnet man gemäß Osterformel 10.3, dann ist n der Monat und $p + 1$ der Tag des Ostersonntags des Jahres j.

Die *Bach*sche Ostergrenzenregel 8.6 besagt in ihrem ersten Teil, daß d die vorläufige Ostergrenze ist, aus der die endgültige entsteht, indem man die beiden Sonderfälle berücksichtigt.

Vernachlässigen wir die Korrektur zunächst. Der Wochentag des 21. März ist im Gregorianischen Kalender $w(j) = 1 + 5a + 3c - s(j)$. Analog zur Julianischen Variante schließend, wäre damit Ostersonntag der $(d + e + 1)$-te Tag nach dem 21. März; die Sonderfälle wirken sich aber höchstens dann auf diese Rechnung aus, wenn die unkorrigierte Ostergrenze d auf einen Sonntag fällt, d.h. wenn $e = 6$ ist; im Falle ihrer Anwendung schiebt sie den Ostersonntag eine Woche zurück. Wegen $11 \cdot 29 + 22 \cdot 6 = 451$ ist f genau dann 1, wenn die Regel Ostern verschiebt, sonst 0. Also ist Ostern der $(d + e + 1 - 7f)$-te Tag nach dem 21. März, womit alles gezeigt ist.

10.2 Die Osterformel von Butcher & Jones (Gregorianischer Kalender)

Die Formel ist nach [25] S. 81 zitiert.

10.4 Osterformel. *Butcher & Jones* (Gregorianischer Kalender)

Man dividiere	durch	Quotient	Rest
das Jahr j	19	-	a
das Jahr j	100	b	c
b	4	d	e
$b + 8$	25	f	-
$b - f + 1$	3	g	-
$19a + b - d - g + 15$	30	-	h
c	4	i	k
$32 + 2e + 2i - h - k$	7	-	l
$a + 11h + 22l$	451	m	-
$h + l - 7m + 114$	31	n	p

n ist der Monat und $p + 1$ der Tag des Ostersonntags des Jahres j.

Rechnet man gemäß Osterformel 10.4, dann ist n der Monat und $p + 1$ der Tag des Ostersonntags des Jahres j. Es ist $b - d - 2$ die Sonnen- und $g - 2$ die Mondgleichung nach 8.3, (15.12.xiv) und 8.5. Damit ist h die Ostergrenze ohne die *Bach*sche Korrektur, wie man wie im *Gauß*schen Fall schließt.

Um den Wochentag des Frühlingsanfangs zu berechnen, betrachten wir dessen Verschiebungen $b \bmod 7$ in den entscheidenden Jahresperioden.

In 4 Jahren mit Schaltjahr beträgt sie 5 Tage, in einem Jahrhundert mit einem ausfallenden Schaltjahr $25 \cdot 5 - 1 = 124 \equiv 5 \pmod 7$ Tage und in einer Gregorianischen Periode von 400 Jahren schließlich $5 \cdot 100 - 3 = 497 \equiv 0 \pmod 7$ oder anders gerechnet $5 \cdot 4 + 1 \equiv 0 \pmod 7$ Tage. Die Wochentagsverschiebung ist damit $\Delta = 5e + 5i + k$; justiert man sie am 21.03.2008, einem Freitag, so gilt

$$\mathrm{w}_{(21,3)} = 5e + 5i + k + 3 \in [0,\, 6] \cap \mathbb{Z}$$

.

Wie bei der *Gauß*schen Formel schließend ist wegen

$$-h \equiv 6h \pmod 7 \quad \text{und} \quad 32 \equiv 4 \pmod 7$$

alles bewiesen; die Addition von 28 stellt sicher, daß l nicht negativ wird.

10.3 Die Osterformel von Meeus (Julianischer Kalender)

Die Formel ist nach [25] S. 83 zitiert.

10.5 Osterformel. *Meeus* (Julianischer Kalender)

Man dividiere	durch	Quotient	Rest
das Jahr j	4	-	a
das Jahr j	7	-	b
das Jahr j	19	-	c
$(15 + 19c)$	30	-	d
$2a + 4b + d + 34$	7	-	e
$d + e + 114$	31	f	g

f ist der Monat und $g + 1$ der Tag des Ostersonntags des Jahres j.

Rechnet man gemäß Osterformel 10.5, dann ist f der Monat und $g + 1$ der Tag des Ostersonntags des Jahres j. Wegen

$$2a + 4b - d + 34 \equiv 2a + 4b + 6d + 6 \qquad (\mathrm{mod}\ 7)$$
$$\equiv 2a + 4b + 6 \cdot (d + 1) \qquad (\mathrm{mod}\ 7)$$

ist die Formel äquivalent zur *Gauß*schen.

10.4 Die Algorithmen von Knuth

In diesem Abschnitt wird verabredet:

- Der Sonntag wird mit der Zahl 0 kodiert.

- Die Tage werden am 1. März mit 1 beginnend aufsteigend gezählt und mit dieser Nummer bezeichnet.

10.4.1 Knuths Algorithmus für den Gregorianischen Kalender

Der Algorithmus ist nach [22], Section 1.3.2, Exercise 14, pp. 155-156 (= [23], pp. 159-160) zitiert.

10.6 Osterformel. *Knuth* (Gregorianischer Kalender)
Algorithm E. *(Date of Easter.)* Let Y be the year for which the date of Easter is desired.

E1. [Golden Number.] Set $G \leftarrow (Y \bmod 19) + 1$. ($G$ is the so-called "golden number" of the year in the 19-year Metonic cycle.)

E2. [Century.] Set $C \leftarrow \lfloor Y/100 \rfloor + 1$. (When Y is not a multiple of 100, C is the century number; i.e. 1984 is the twentieth century.)

E3. [Corrections.] Set $X \leftarrow \lfloor 3C/4 \rfloor - 12$, $Z \leftarrow \lfloor (8C + 5)/25 \rfloor - 5$. ($X$ is the number of years, such as 1900, in which leap year was dropped in order to keep in step with the sun. Z is a special correction designed to synchronize Easter with the moon's orbit.)

E4. [Find Sunday.] Set $D \leftarrow \lfloor 5Y/4 \rfloor - X - 10$. [March $((-D) \bmod 7)$ actually will be a Sunday.]

E5. [Epact.] Set $E \leftarrow (11G + 20 + Z - X) \bmod 30$. If $E = 25$ and the golden number G is greater than 11, or if $E = 24$, then increase E by 1. (E ist the so-called "epact," which specifies when a full moon occurs.)

E6. [Find full moon.] Set $N \leftarrow 44 - E$. If $N < 21$ then set $N \leftarrow N + 30$. (Easter is supposedly the "first Sunday following the first full moon which occurs on or after March 21." Actually perturbations in the moon's orbit do not make this strictly true, but we are concerned here with the "calendar moon" rather than the actual moon. The Nth of March is a calendar full moon.)

E7. [Advance to Sunday.] Set $N \leftarrow N + 7 - ((D + N) \bmod 7)$.

E8. [Get month.] If $N > 31$, the date is $(N - 31)$APRIL; otherwise the date is N MARCH.

Wir benutzen im folgenden neben den Bezeichnungen der Formel auch jene des Korollars 8.7 nebst seines Beweises.

Das Ausführen der Schritte bewirkt:

E1: $G = Y \bmod 19 + 1$ ist die goldene Zahl nach Kalenderregel 4.4.

E2: $C = \lfloor \frac{Y}{100} \rfloor + 1 = c + 1$.

E3: $X = \lfloor \frac{3C}{4} \rfloor - 12$ ist der Wochentagskode des letzten Februartages des Julianischen Jahres Y nach 9.5 und 9.8.

$Z = \lfloor \frac{8C+5}{25} \rfloor - 5 = \mathrm{m}(y) - 3$ ist nach 8.5 die um drei verminderte Mondgleichung.

E4: $D = \lfloor \frac{5y}{4} \rfloor - X - 10$ ist der Wochentagskode des letzten Februartages des Gregorianischen Jahres y gemäß 8.3 und 9.3.

E5: Es ist

$$Z - X + 20 + 11G = \left\lfloor \frac{8C + 5}{25} \right\rfloor - 5 - \left(\left\lfloor \frac{3C}{4} \right\rfloor - 12 \right) + 20 + 11G$$

$$= \left\lfloor \frac{8C + 5}{25} \right\rfloor - \left\lfloor \frac{3C}{4} \right\rfloor - 5 + 12 + 20 + 11G$$

$$= \left\lfloor \frac{8(c+1)+5}{25} \right\rfloor - \left\lfloor \frac{3(c+1)}{4} \right\rfloor + 27 + 11g,$$

also, da $27 \equiv -3 \pmod{30}$,

$$E = \left(\left\lfloor \frac{8(c+1)+5}{25} \right\rfloor - \left\lfloor \frac{3(c+1)}{4} \right\rfloor - 3 + 11g \right) \bmod 30 = (U-6) \bmod 30.$$

Nach (8.7.ii) ist also der Vorlauf V der Ostergrenze vor dem 13. April, dem Tag der Nummer 44, mit

$$V = \begin{cases} E - 30 & \text{falls } 24 \leq E \leq 29, \\ E & \text{sonst,} \end{cases}$$

wobei $V = -6$ stets in $V = -5$ geändert wird, hingegen wird $V = -5$ nur dann in $V = -4$ geändert, wenn $g > 11$.

Knuth drückt den Vorlauf allerdings allein mittels der Variablen E aus, deren Wert verändert wird. Das ggf. notwendige Subtrahieren von 30 wird auf **E6**, den nächsten Schritt, verschoben. Offensichtlich muß E dann, den Schritt **E5** abschließend, wie oben angegeben erhöht werden.

E6: Die hier entscheidende Bedingung $44 - E < 21$ ist äquivalent zu $23 < E$, also zu jenem Fall, in dem das in **E5** versäumte Subtrahieren von 30 nachgeholt werden muß; da E aber seinerseits subtrahiert wird, wandelt sich das Subtrahieren in das Addieren und N enthält tatsächlich die Tagesnummer der Ostergrenze.

E7: Ist die Ostergrenze ein Sonntag, so ist $N + 7$ der Ostersonntag, anderenfalls muß der Ostergrenze Wochentagskode von dieser Zahl subtrahiert werden; nach 9.9 ist $(D + N) \bmod 7$ der nämliche Kode.

E8: Offensichtlich werden Tag und Monat des Ostersonntags korrekt berechnet.

10.4.2 Knuths Algorithmus für den Jul.-Greg. Kalender

Der Algorithmus ist nach [21] zitiert. Die Typographie wurde so geändert, daß sie hier darstellbar ist. Die Osterformel ist in der Programmiersprache `ALGOL` 60, im wesentlichen identisch mit `JOVIAL`, formuliert. Die erste Sprache war in den späten fünfziger bis in die späten sechziger Jahre des 20. Jahrhunderts in Europa weitverbreitet und die zweite ist ihre US-amerikanische Variante. Die verfügbaren Implementierungen, sprich die Compiler, unterschieden sich in jenen Zeiten, abhängig von den Möglichkeiten des Zielrechners. Bis auf das Verhalten des Divisionsoperators »/« für ganze Zahlen (`integer`), der durch

$$(10.7.1) \qquad \texttt{a/b} = \begin{cases} \left\lfloor \dfrac{a}{b} \right\rfloor & \text{falls } ab \geq 0, \\ \left\lceil \dfrac{a}{b} \right\rceil & \text{sonst,} \end{cases}$$

beschrieben wird, abstrahieren wir davon, daß uns ein *Software*-Programm vorliegt; so können bei uns die Programmvariablen beliebig große ganze Zahlen speichern.

Ebenso weisen wir die Korrektheit des Programms auf »naive« Weise nach, wenden also nicht die Technik der Vor- und Nachbedingungen (*precondition, postcondition*) an, wie heute in der Informatik üblich. Stattdessen sagen wir, es gelte Aussage oder Bedingung Θ *unmittelbar vor* oder *unmittelbar nach Zeile n* und meinen damit, daß Θ gilt, unmittelbar bevor die Anweisung auf Zeile n ausgeführt wird, wenn alle vorhergehenden schon abgearbeitet sind, oder unmittelbar nach dem Ausführen der Anweisung auf Zeile n, bevor irgendeine spätere abgearbeitet wird. Ferner mischen wir arithmetische Ausdrücke der Programmiersprache mit gewöhnlicher mathematischer Notation, zu unterscheiden durch die Typographie; ein erstes Beispiel dazu ist (10.7.1). Programmvariablen bezeichnen dabei ihren Wert in dem jeweiligen Programmzustand.

Es wurden in *Knuth*s Text Zeilennummern eingefügt und die Zeilenumbrüche geändert, um die Analyse des Programmcodes zu erleichtern.

10.7 Osterformel. *Knuth* (Julianisch- Gregorianischer Kalender)

```
 1  procedure Easter(year, month, day); value year; integer
 2  year, month, day;
 3
 4  comment This procedure calculates the day and month of Easter
 5  given the year. It gives the actual date of ``Western Easter''
 6  (not the Eastern Easter of the Eastern Orthodox churches) after
 7  A.D. 463. ``golden_number'' is the number of the year in the
 8  Metonic cycle, used to determine the position of the calendar
 9  moon. ``Gregorian_correction'' is the number of preceding years
10  like 1700, 1800, 1900 when leap year was not held,
11  ``Clavian_correction'' is a correction for Metonic cycle of
12  about 8 days every 2500 years. ``epact'' is the age of the
13  calendar moon at the beginning of the year. ``extra_days''
14  specifies when Sunday occurs in March. ``epact'' specifies
15  when full moon occurs. Easter is the first Sunday following
16  the first full moon which occurs on or after March 21.
17  Reference: A. De Morgan, A Budget of Paradoxes;
18
19  begin integer golden_number, century, Gregorian_correction,
20  Clavian_correction, extra_days, epact;
21
22  integer procedure mod (a, b);
23  value a, b; integer a, b;
24  mod := a - b * (a/b);
25
26  golden_number := mod(year, 19) + 1;
27  if year <= 1582 then go to Julian;
28
29  Gregorian:
30  century := year/100 + 1;
31  Gregorian_correction := (3*century)/4 - 12;
32  Clavian_correction := (century - 16 - (century -18)/25)/3;
33  extra_days := (5*year)/4 - Gregorian_correction - 10;
34  epact := mod(11*golden_number + 20 + Clavian_correction
35     - Gregorian_correction, 30);
36  if epact <= 0 then epact := epact + 30;
37  if (epact = 25 and golden_number > 11) or epact = 24 then
38  epact := epact + 1;
```

```
39    go to ending_routine;
40
41    Julian:
42    extra_days := (5*year)/4;
43    epact := mod(11*golden_number - 4, 30) + 1;
44
45    ending_routine:
46    day := 44 - epact;
47    if day < 21 then day := day + 30;
48    day := day + 7 - mod(extra_days + day, 7);
49    if day > 31 then begin month := 4; day := day - 31 end
50                     else month := 3
51    end Easter
```

Aus (10.7.1) folgt, indem man den Euklidischen Algorithmus auf a anwendet:

Seien $b \in \mathbb{N} \setminus \{0\}$, die anderen Fälle sind für uns unwichtig, und $a \in \mathbb{Z}$, so gilt:

(10.7.2)
$$\mathrm{mod(a, b)} = \begin{cases} a \bmod b & \text{falls } a \geq 0, \\ 0 & \text{falls } a < 0 \text{ und } a \equiv 0 \pmod{30}, \\ a \bmod b - b & \text{sonst.} \end{cases}$$

Unmittelbar nach Zeile 26 ist die goldene Zahl auf Grund der Kalenderregel 4.4 ermittelt worden, wobei der Wert der Variablen `golden_number` nie mehr verändert wird.

Fall 1: `year <= 1582`. Es sind die Regeln des Julianischen Kalenders anzuwenden. Betrachten wir den Programmzustand unmittelbar nach Zeile 42: `extra_days` enthält den Wochentagskode des letzten Februartages des Jahres `year` gemäß 9.5 und 9.8; dieser Wert bleibt bis zum Programmende unverändert.

Unmittelbar nach Zeile 47 enthält die Variable `day` die Nummer (s.o.) der Ostergrenze auf Grund von (5.9.ii).

Addiert man zu `day` sieben, so enthält die Variable die Ostergrenze, falls diese auf einen Sonntag fällt; trifft dies nicht zu, muß man den Wochentagskode der Ostergrenze abziehen, da der Sonntag den Kode 0 hat. Der Kode der Ostergrenze ist nach dem bereits Bewiesenen und zusammen mit 9.9 die Zahl $\mathrm{mod}(\texttt{extra\_days} + \texttt{day}, 7)$, so daß unmittelbar nach Zeile 49 in der Variablen `day` die Nummer des Ostersonntags steht; der Rest ist klar.

Fall 2: `year > 1582`. Es sind die Regeln des Gregorianischen Kalenders anzuwenden. Unmittelbar nach Zeile 30 enthält die Variable `century` den Wert $\lfloor \frac{year}{100} \rfloor + 1$. Das Lemma 8.3 zeigt dann, daß die Variable `Gregorian_correction` unmittelbar nach Zeile 30 den Wert $s(y) + 10$ enthält, d.h. die Anzahl der seit 1582 auf Grund der Gregorianischen Schaltregel regelmäßig entfallenden Kalenderdaten; das einmalige Vorstellen des Kalenders um 10 Tage im Oktober 1582 wird dagegen erst in Zeile 33 berücksichtigt: unmittelbar nach dieser Zeile enthält die Variable `extra_days` den Wochentagskode des letzten Februartages des Jahres `year` wie 9.5 und 9.8 unschwer ergeben.

Wir benutzen ab sofort zusätzlich die Bezeichnungen des Korollars 8.7 nebst seines Beweises. Man erkennt, daß in der Zeile 34 die ALGOL-Funktion mod mit den Argumenten $a = T - 6$ und $b = 30$ aufgerufen wird. Wir werden zeigen:

(10.7.3) Unmittelbar nach Zeile 47 enthält die Variable day die Nummer der Ostergrenze des Jahres year.

Wir unterscheiden:

Fall 2.1: $T - 6 = 0$. Dann ist $\text{mod}(T - 6, 30) = (T - 6) \bmod 30 = 0$ und unmittelbar nach Zeile 36 ist epact $= 30$, folglich gilt unmittelbar nach Zeile 46 day $= 44 - 30 = 14 < 21$, somit unmittelbar nach Zeile 47 day $= 44$, d.h. der 13. April wird als Ostergrenze berechnet, mithin jener Tag, der sich wegen $V = 0$ auch aus (8.7.ii) ergibt.

Fall 2.2: $T - 6 < 0$. Falls $T - 6 \equiv 0 \bmod 30$, so ist $\text{mod}(T - 6, 30) = 0$ gemäß (10.7.2), und es ist epact $= 30$ unmittelbar vor Zeile 46 und es wird dann die Ostergrenze day $= 44$, d.h. der 13. April berechnet; nach (8.7.ii) ergibt sich andererseits $V = 0$ und wir sind fertig.

Sei also im folgenden $T - 6 \not\equiv 0 \bmod 30$ und damit $\text{mod}(T - 6, 30) = (T - 6) \bmod 30 - 30 < 0$, erneut nach (10.7.2).

Fall 2.2.1: $0 < (T - 6) \bmod 30 < 24$. Unmittelbar nach Zeile 36 gilt wegen (8.7.ii)

$$0 < \text{epact} = \text{mod}(T - 6, 30) + 30 = (T - 6) \bmod 30 = V < 24.$$

Die Anweisung in Zeile 38 wird nicht ausgeführt, der Algorithmus berechnet damit unmittelbar nach Zeile 46 die Ostergrenze in der Variablen day mit $21 \leq \text{day} = 44 - V < 44$.

Fall 2.2.2: $24 \leq (T - 6) \bmod 30 \leq 29$. Unmittelbar nach Zeile 36 ist

$$24 \leq \text{epact} = \text{mod}(T - 6, 30) + 30 = (T - 6) \bmod 30 \leq 29$$

und wegen (8.7.ii) ist, noch unkorrigiert,

$$V = \underbrace{(T - 6) \bmod 30}_{\text{epact}} - 30.$$

Falls epact $= 25$ und golden_number > 11 ist, so erhalten wir $V = 25 - 30 = -5$, d.h. Korollar 8.7 ergibt den korrigierten Wert $V = -4$, mithin die Ostergrenze 17. April, den Tag der Nummer 48. Der Algorithmus rechnet ab Zeile 46 mit epact $= 26$, also gilt unmittelbar nach Zeile 47 wie verlangt day $= 48$.

Falls epact in Zeile 37 aber den Wert 24 hat, wird $V = -6$ zu $V = -5$ korrigiert, und der 18. April, der Tag der Nummer 49, ist die Ostergrenze; der Algorithmus ergibt den gleichen Wert.

Hat aber epact in Zeile 37 weder den Wert 25 noch den Wert 24, so ist endgültig $V = \text{epact} - 30$ und $15 \leq 44 - \text{epact} \leq 18 < 21$, also unmittelbar nach Zeile 47 ist day $= 44 - \text{epact} + 30 = 44 - V$.

Fall 2.3: $T - 6 > 0$.
Fall 2.3.1: $0 \leq (T - 6) \bmod 30 < 24$. Dann ist

$$\mathtt{mod}(T - 6, 30) = (T - 6) \bmod 30 = V$$

nach (8.7.ii), und die Anweisung auf Zeile 38 wird nicht ausgeführt, so daß unmittelbar vor Zeile 44 gilt $\mathtt{epact} = V$; wegen der
Ungleichungen $21 \leq 44 - V \leq 44$ sind wir fertig.

Fall 2.3.3: $24 \leq (T - 6) \bmod 30 \leq 29$. Nach (8.7.ii) ist $(T - 6) \bmod 30 - 30$ der ggf. zu korrigierende Vorlauf der Ostergrenze
vor dem Tag der Nummer 44, dem 13. April. Ferner ist unmittelbar
nach Zeile 35

$$24 \leq \underbrace{\mathtt{mod}(T - 6, 30)}_{\mathtt{epact}} = (T - 6) \bmod 30 \leq 29,$$

so daß die Anweisung in Zeile 36 nicht ausgeführt wird. Untersuchen wir den Programmzustand unmittelbar vor Zeile 37.

Ist $\mathtt{epact} = 25$ und $\mathtt{golden\_number} > 11$, so ist, schon korrigiert, $V = -4$, d.h. $44 - (-4) = 48$ ist die Nummer der Ostergrenze. Nach Zeile 46 gilt aber $\mathtt{day} = 44 - 26 = 18$, also nach Zeile 47
$\mathtt{day} = 48$, wie gefordert.

Ist $\mathtt{epact} = 24$ unmittelbar vor Zeile 37, so ist, schon korrigiert,
$V = -5$, d.h. $44 - (-5) = 49$ ist die Tagesnummer der Ostergrenze.
Nach Zeile 46 gilt $\mathtt{day} = 44 - 25 = 19$, also nach Zeile 47 $\mathtt{day} = 49$,
erneut wie gefordert.

Hat aber unmittelbar vor Zeile 37 die Variable $\mathtt{epact}$ weder den
Wert 24, noch den Wert 25, so ist $26 \leq \mathtt{epact} = V + 30 \leq 29$, also
$15 \leq 44 - \mathtt{epact} + 30 = 44 - (V + 30) - 30 = 44 - V$, wie von
(8.7.ii) verlangt.

Nachdem (10.7.3) bewiesen ist, ergibt sich die Korrektheit der Zeilen 48 bis 50
wie im Julianischen Fall 1.

In [31] wird berichtet, daß *Knuth*s Algorithmus 10.7 »zertifiziert« wurde,
indem seine Ausgabedaten mit bekannten Osterdaten verglichen wurden und
zwar für die Jahre 1901 bis 1999; zuvor sei das Programm aus der Program-
miersprache $\mathtt{ALGOL}$ in die Programmiersprache $\mathtt{FORTRAN}$ für den Rechner $\mathtt{IBM}$
1620 übersetzt worden. Daten weiterer Jahre standen *Williams* nicht zur Ver-
fügung.

Diese Art der Zertifizierung von Algorithmen war seinerzeit, in den Pionier-
tagen der Informatik, üblich, die frühen Jahrgänge der *Communications of the
ACM* sind voll davon; Korrektheitsbeweise von Programmen kamen erst später
auf, und es darf nicht verschwiegen werden, daß es noch immer Informatiker
gibt, die ihnen skeptisch gegenüber stehen.

Für uns ist ein weitere Bemerkung *Williams* wichtig, die zeigt, wie begründet
mein schon in Kapitel 1 ausgesprochenes Mißtrauen gegen Osterformeln ist,
die ohne Herleitung veröffentlicht werden. Ersetze man nämlich

```
epact := mod(11*golden_number + 20 + Clavian_correction
  - Gregorian_correction , 30);
```

durch

```
epact := mod(11*golden_number + 19 + Clavian_correction
  - Gregorian_correction , 30)+1;
```

so sei die Anweisung

```
if epact <= 0 then epact := epact + 30;
```

überflüssig.

Tatsächlich ist die eben erwähnte Anweisung in *Knuths* Algorithmus notwendig, da wegen (10.7.2) das Ergebnis der ALGOL-Funktion mod negativ wird, wenn ihr erstes Argument – hier *Epaktendividend* genannt – es ist. Wann kann dies erstmalig eintreten? Entscheidend ist die Jahrhundertzahl $c = \left\lfloor \frac{y}{100} \right\rfloor$ und die goldene Zahl 1. Die nämliche goldene Zahl führt im Epaktendividend $T - 6$ zu dem Term $2 + 11 = 13$. Tafel 10.1 zeigt, daß der Epaktendividend, beginnend mit dem Jahre 1900, negativ ist, wenn die goldene Zahl 1 ist.

Führen die von *Williams* genannten Änderungen aber zu einer Osterformel, die zu 10.7 äquivalent ist, sprich die gleichen Ostersonntage liefert? Von den Änderungen ist nur die Variable epact betroffen und wir untersuchen daher, ob beide Varianten in den Zeilen 46 und 47 in der Variablen day die gleiche Ostergrenze bestimmen.

Die beiden Osterformeln sind nicht äquivalent, wie das Jahr 12217 zeigt. Das Jahr hat die goldenen Zahl 1, man berechnet $T - 6 = -45$.

Knuth ermittelt daraus $\mathrm{mod}(-45, 30) = -15$, also epact $= -15 + 30 = 15$ und schließlich und endlich day $= 44 - 15 = 29$; bei *Williams* ergibt sich $\mathrm{mod}(-46, 30) = -16$, also epact $= -16 + 1 = -15$ und damit day $= 44 - (-15) = 59$.

Wie kann es zu einem solchen Fehler kommen? Nun, im Jahre 12217 wird der Kalender erneut reformiert sein werden und vielleicht stimmen beide Formeln für *Williams* interessierende Jahre überein, die er stillschweigend festlegte?

Ist $T - 6 \geq 0$, so kann man mittels vieler mühsamer Fallunterscheidungen, die auf (10.7.2) zurückgehen, zeigen, daß *Knuth* und *Williams* die gleiche Ostergrenze berechnen. Tafel 10.1 lehrt, daß im 20. und 21. Jahrhundert, also bei den Jahrhundertzahlen 19 und 20, der kritische Term $T - 6$ nur für Jahre der goldenen Zahl 1 negativ wird, da in allen anderen Jahren die 13 im Term der Spalte E durch eine größere Zahl ersetzt wird.

Für Jahre der goldenen Zahl 1 ist damit im 20. und 21. Jahrhundert $T - 6 = -1$. Bei *Knuth* führt dies zur endgültigen Epakte epact $= -1 + 30 = 29$ und schließlich zu day $= 44 - 29 + 30 = 45$; bei *Williams* erhalten wir die endgültige Epakte epact $= -2 + 1 = -1$ und damit endlich day $= 44 - (-1) = 45$.

Die letzte Übereinstimmung fällt wirklich grundlos vom Himmel, man wundert sich hoffentlich. *Williams* Optimierung ist rein programmiertechnisch und seiner Zeit geschuldet, als man froh über jede eingesparte Abfrage war.

Eine Bemerkung in eigner Sache sei abschließend erlaubt. Die Tabelle 10.1 wurde, wie viele andere in diesem Buch, mit Hilfe eines Tabellenkalkulations-

A	B	C	D	E	F
15	0	13	12	1	1
16	0	13	12	1	1
17	0	13	13	0	0
18	0	14	14	0	0
19	0	14	15	-1	29
20	0	14	15	-1	29
21	0	15	16	-1	29
22	0	15	17	-2	28
23	0	15	18	-3	27
24	0	16	18	-2	28
25	0	16	19	-3	27
26	0	16	20	-4	26
27	0	17	21	-4	26
28	0	17	21	-4	26
29	0	17	22	-5	25
30	0	18	23	-5	25
31	0	18	24	-6	24
32	0	18	24	-6	24
33	0	19	25	-6	24

Einrichtung:

Spalte A: Die Jahrhundertzahl c

Spalte B: $\left\lfloor \frac{c-17}{25} \right\rfloor$

Spalte C: $\left\lfloor \dfrac{c-15-\left\lfloor \frac{c-17}{25} \right\rfloor}{3} \right\rfloor + 13$

Spalte D: $\left\lfloor \frac{3(c+1)}{4} \right\rfloor$

Spalte E:

$$\left\lfloor \dfrac{c-15-\left\lfloor \frac{c-17}{25} \right\rfloor}{3} \right\rfloor + 13 - \left\lfloor \frac{3(c+1)}{4} \right\rfloor$$

Spalte F: $E \bmod 30$

Im Jahre 1900 wird der Epaktendividend in Spalte E erstmalig negativ, da $13 = 2 + 11 \cdot (1900 \bmod 19 + 1)$.

Tafel 10.1: Der negative Epaktendividend

programms berechnet, einem Werkzeug, von dem man 1962 höchstens träumen konnte; überhaupt ist die heutige Informationstechnik nicht nur Anlaß dieses Buchs, sondern auch ein unverzichtbares Werkzeug zu seiner Herstellung. Tabellen wurden mittels Tabellenkalkulation und eigens geschriebener JAVA-Programme berechnet, ebenso wie alle vorkommenden Kettenbrüche. Das Buch wurde in LATEX, gesetzt, einem vom *Lamport* auf Basis des TEX-Systems von *Knuth* entwickelten Textsatzsystems. Alle mittels JAVA berechneten Daten – hier nicht kalendarisch gemeint – wurden nicht etwa ausgedruckt und dann händig-äugig in den Editor eingegeben, sondern der zugehörige LATEX-Kode wurde ebenfalls von einem JAVA-Programm generiert; ebenso wurden mir viele Quellen erst mittels des Internets, genauer des *World Wide Web (WWW)*, zugänglich.

Die Herleitung der Osterformeln

Teil III

Der immerwährende Gregorianische Neulichtkalender

11 Die Lilianischen Epakten

Wollte man den Kalender derart reformieren, daß man längere Zeit Ruhe hatte und nicht etwa alle dreihundert Jahre die Regeln erneut korrigieren mußte, so legten es die auf S. 57 dargelegten astronomischen Tatsachen nahe, die feste, starre Zuordnung der Mondphasen zu den goldenen Zahlen aufzugeben und eine flexible Kopplung mittels einer Zwischengröße einzuführen: Die Zuordnung der goldenen Zahlen zu der zu erfindenden Größe hatte sich in geeigneten Abständen den astronomischen Verhältnissen anzupassen, die Zuordnung der neuen Größe zu den Phasen der *lunae paschalis* indessen, sollte einem einmal eingeführten und dann dauerhaft unveränderlichen Schema folgen.

Nun, *Lilius*, auf den die diese Idee zurückgeht, brauchte nichts aus dem Nichts zu erfinden, er ging stattdessen auf die ursprünglichen Bedeutung des Begriffs der Epakte als des Rückstands des Mondjahrs gegen das Sonnenjahr zurück, wie in Bemerkung 16.17 ausgeführt; er verwandte die Epakte dann in seinem immerwährenden Neulichtkalender sowohl als Namen der Sonnenjahre, wie auch dazu, die zyklischen Neumonde der Sonnenjahre anzugeben. Als Sitz wählte *Lilius* den Neujahrstag, den 1. Januar. Die Sprechweise vereinfachend, wenden wir im folgenden den Begriff der Epakte neuen Stils auch auf den *Meton*ischen Zirkel an, verstehen unter der (Jahres-) Epakte auch dort den Abstand des Neujahrstages von seinem zugehörigen Neulicht.

Aus dem Neujahrssatz alten Stils 5.15 folgt damit

$$\mathrm{E_L}(y) = (8 + 11(y \bmod 19)) \bmod 30$$

für ein Jahr y des Julianischen Kalenders. Zusammen mit den Sonnen- und Mondgleichungsfunktionen führt dies zu

$$\mathrm{E_L}(y) = (8 - \mathrm{s}(y) + \mathrm{m}(y) + 11(y \bmod 19)) \bmod 30$$

für $y \geq 1582$.

11.1 Definition (Lilianische Epakten). Die Lilianische Epakte, auch Epakte neuen Stils genannt, ist der Abstand des Neujahrstages eines Sonnenjahrs von seinem Neulicht (vgl. Def. 5.3). ☐

11.2 Kalenderregel (Jahresepakten neuen Stils (*Lilius*)). Für jedes Jahr $y \geq 1582$ des Gregorianischen Kalenders ist

$$\mathrm{E_L}(y) = (8 - \mathrm{s}(y) + \mathrm{m}(y) + 11(y \bmod 19)) \bmod 30. \quad ☐$$

h	M(h)	h	M(h)	h	M(h)	h	M(h)
15	1	35	22	53	15	69	8
17	0	36	23	54	14	70	7
19	29	37	22	57	13	73	6
22	28	38	21	59	12	75	5
23	27	41	20	62	11	78	4
24	28	42	19	63	10	79	3
25	27	45	18	64	11	80	4
26	26	47	17	65	10	81	3
29	25	50	16	66	9	82	2
31	24	51	15	67	8	85	1
34	23	52	16	68	9		

$$\text{M}(h) := (8 - \text{s}(100h) + \text{m}(100h)) \bmod 30$$

Aus der Tafel folgt:
Jede denkbare Lilianischen Epakte $\varepsilon \in [0, 29] \cap \mathbb{Z}$ kommt tatsächlich vor, da es zu jedem $h \in \mathbb{N}$ im Intervall $[100h, 100h + 99] \cap \mathbb{Z}$ Zahlen jeder Restklasse mod 19 gibt; ebenso gibt es zu jeder solchen Epakte ε mindestens ein Jahrhundert $100h$ mit $h \in \mathbb{N}$ und M(h) $= \varepsilon$.

Tafel 11.1: Das Vorkommen der Lilianischen Epakten über die Jahrhunderte

Die Regel wurde seinerzeit nicht als Formel formuliert und schon gar nicht so veröffentlicht, man tabulierte so viel wie möglich. *Ginzel* gibt in [12], III, § 254 solche Tabellen oder Tafeln von der Zeit der Kalenderreform bis zum Jahre 2600 an; uns zeigt Tafel 11.1, daß alle denkbaren Epakten im Laufe der Jahrhunderte auftreten. [1]

Es bleibt, das oben erwähnte feste, unveränderliche Schema darzustellen, mittels dessen man bei gegebener Lilianischer Jahresepakte die Neumonde eines Jahres genähert bestimmen kann; es ist dies der Lilianische Epaktenzyklus, dessen ursprünglicher Entwurf von der Kalenderreformkommission geändert wurde, um die traditionellen kalendarischen Verhältnisse nur schonend zu verändern, was wohl stets das Schicksal von Reformen war und ewig bleiben wird. Die Neumonde eines Jahres werden dann folgendermaßen bestimmt: Berechnet man im ersten Schritt die Lilianische Epakte gemäß Regel 11.2, so herrscht Neumond an allen mit dieser Epakte bezeichneten Tagen des Schemas.

Bevor wir zur Sache kommen, werden im nächsten Abschnitt die von mir herangezogenen Literaturstellen ausgiebig wörtlich zitiert, damit der Leser in jedem Falle zu diesem entscheidenden Punkt nachvollziehen kann, ob meine Schlüsse zulässig sind.

---

[1] *Viëta*, der, wie schon im Vorwort erwähnt, wesentlich zur Verbreitung des Buchstabenrechnens und damit der Möglichkeit von Formeln im mathematischen Sinne beitrug, nahm auch zur Kalenderreform Stellung. Er kritisierte *Lilius* Epakten unberechtigt und seine Gegenvorschläge ersetzten eine Unschönheit durch eine andere; s. [19], S. 560-563.

12 Die Darstellung des IGNK in der Literatur

Die im folgenden von mir angegebene Konstruktion des Epaktenzyklus stützt sich auf folgende Quellen, die kritisch untersucht werden; wir kompilieren – im schon weiter oben erwähnten Sinne – aus ihnen die Regeln, nach denen der Epaktenzyklus konstruiert werden muß, will man den von *Ginzel* ([12], III, S. 422 – 424) und *Bach* ([1] S. 24) angegebenen immerwährenden Gregorianischen Neulichtkalender erhalten.

12.1 Zitat. *Grotefend, [15], S. 91f.:* Immerwährender Gregorianischer Kalender. Trifft ein Neumond auf den 1. Januar, so ist das Alter des Mondes an diesem Tage, die Epakte desselben, gleich 0, wenn wir, wie Lilius es that, die verflossenen Tage des Mondmonats zählen. Setzen wir diese 0, oder vielmehr, wie Lilius sie wiedergab *, neben den 1. Januar und bezeichnen, abwechselnd bis 30 und 29 weiterzählend, alle die von diesen Zahlen getroffenen Tage mit *, so haben wir alle Neumonde der Jahre bezeichnet, deren erster Neumond auf Jan. 1 fällt, deren Epakte also * ist. Am 1. Jan. des folgenden Jahres ist der Mond 11 Tage alt, weil das Mondjahr 11 Tage kürzer ist als das Sonnenjahr. Der erste Neumond dieses Jahres gehört also dem 20. Jan. an, neben welchen wir XI setzen, anzeigend, dass die Epakte d.h. das Mondalter am 1. Jan. des Jahres, in welchem am 20. Jan. Neumond ist, = 11 ist. Dieselbe Zahl XI wird wieder bei allen übrigen Neumondstage des Jahres, vom 20. Jan. mit 30 und 29 weiterzählend, gesetzt. Schreibt man auf diese Weise die jedesmalige Epakte (oder Zahl der am 1. Jan., verflossenen Mondmonatstage) der einzelnen Jahre eines 19jährigen Mondcyclus das ganze Jahr hindurch neben die Tage, auf welche die Neumonde fallen, und füllt die entstandenen Lücken weiterzählend aus - so, dass man in 29tägigen Mondmonaten 25 und 24 auf einen Tag setzt [1] - so hat man einen Immerwährenden Gregorianischen Mondkalender. Mit Hülfe der Jahresepakten kann man aus ihm die cyclischen Neumonde der Gregorianischen Zeitrechnung ersehen, da jeder Tag, auf welchem die Zahl der betr. Jahresepakte notirt ist, ein Neumond des zugehörigen Jahres ist. Die Uebereinstimmung mit den wahren Neumonden ist zwar auch durch diesen verbesserten Ansatz

---

[1][Fußnote von *Grotefend*, a.a.O. Nr. 51] *Lilius* hatte (als auf einen Tag zu setzende Epakten) 0 = 30 und 29 gewählt, die päpstliche Kommission entschied sich aus Gründen für 25 und 24. Die Gründe sind von Kaltenbrunner in [19] S. 500ff. wiedergegeben; für 1900 bis 2199 tritt die 25 neben die 26.

noch nicht erreicht, er ergiebt immer nur cyclische Neumonde, den wahren einen Tag nachhinkend. [2] Indessen die Möglichkeit der annähernd richtigen Angabe der Mondphasen auf Jahrhunderte hinaus und die Notwendigkeit der Angabe wenigstens von März und April zur Controle der Osterberechnung nöthigt zur Wiedergabe des Immerwährenden Gregorianischen Kalenders. Er ist mit dem Immerwährenden Julianischen Kalender als Immerwährender Kalender zu Tafel VIII [3] vereinigt. Zur Handhabung dieser Tafel behufs der Osterberechnung diene Folgendes: Zunächst suche man auf Taf. V und II die goldene Zahl und Sonntagsbuchstaben, für 1889 z.B. 9 F, dann die Jahresepakte (bei Epakten neuen Stils Taf. VI) für 1889, goldene Zahl 9 = XXVIII. In dem immerwährenden Kalender ist XXVIII am 2. Apr. eingetragen. Bei diesem Tage als Neumondstag ist sein cyclischer Vollmondstag, die Ostergrenze des Jahres, der 15. Apr. gleich notirt. Der nächste Sonntag nach diesem **[92]** Vollmond war Ostern, bei dem Jahresbuchstaben F also der 21. April.

□

Grotefend sagt nichts über Schaltmonate und -jahre; wieso man in 29-tägigen Mondmonaten überhaupt zwei Epakten auf einen Tag legen muß, wird nicht erläutert.

12.2 Zitat. *Ginzel [12], III, S. 259f.:* Behufs Ermittelung der Monddaten war zunächst der „immerwährende" julianische Kalender zu ändern. In diesem (s. S. 221f.) werden die Neumonde durch die goldenen Zahlen bestimmt. *Lilius* schaffte die goldenen Zahlen in dem neuen Kalender ab und ersetzte sie durch neue „Epakten". Dieser Zyklus der Epakten erscheint im gregorianischen Kalender in einer etwas veränderten Gestalt, da die Kommission an dem Entwurfe des *Lilius* einige Modifikationen vorgenommen hat. Die Epakten beginnen mit 0 am 1. Januar und werden, wie die Neumonde im immerwährenden julianischen Kalender, abwechselnd um 30 und 29 Tage weitergezählt. Vom 1. Januar ausgehend, erhält man also 0 am 31. Januar, 1. März, 31. März, 29. April usw. und zuletzt am 21. Dezember. Von hier ab mit 30 und 29 weiterzählend, kommt man auf die Epakte XI am 20. Januar, 18. Februar, 20. März usf., dann auf die Epakte XXII am 9. Januar, 7. Februar usf. Schließlich repräsentieren sich die Epakten durch Zahlen, die durch die Monatstage in absteigenden Reihen von 0 durch XXIX, XXVIII … bis 0 zurück- **[260]** laufen. Die Kommission wählte zur Bezeichnung der 0-Tage ein *. Die Epakte I kommt auf den 30. Januar. Von hier mit 30- und 29 tägigen Monaten weiterzählend, würde man 6 mal im Jahre auf Tage mit I kommen, die bereits mit * gekennzeichnet sind. Es ist deshalb nötig, in den 29 tägigen Monaten an irgend einer Stelle zwei Epakten auf einen und

---

[2][Fußnote von *Grotefend*, a.a.O. Nr. 52] Eine Absicht von *Lilius*, um sicher zu sein, dass Ostern nie vor den wahren Vollmond falle.

[3]Diese Tafel fehlt leider in der Online-Ausgabe von [15]!

denselben Tag zu setzten. Die Kommission [4] wählte die Epakten XXV und XXIV. Dieselben erscheinen an den Tagen 5. Februar, 5. April, 3. Juni, 1. August, 29. September, 27. November. Die Lilianischen Epakten (Epakten neuen Stils) haben eine andere Bedeutung als die Epakten des julianischen Kalenders. Sie sind Bezeichnungswerte der Neumonde und und eigentlich nur Vertreter für die goldenen Zahlen. Man muß zuvor die Beziehung zwischen der goldenen Zahl zu den lilianischen Epakten kennen, um aus dem immerwährenden gregorianischen Kalender etwas entnehmen zu können.

...

Es gibt 30 Epakten; sie wachsen am Schluß jeden Jahres um 11 Einheiten wie die julianischen, so daß die Epakten eines gegebenen Jahres um 11 größer sind, als die Epakten des vorhergehenden Jahres. Nach dem 19. Jahre eines Zyklus wächst die Epakte wegen des *saltus lunae* um 12. □

Auch *Ginzel* sagt nichts zu Schaltmonaten und -jahren. Jedenfalls führt er wie *Grotefend* aus, man habe abwechselnd um 30 und 29 Tage weiterzuzählen: dabei belege man Tage mit der Epakte I, die schon mit * belegt seien; das Zusammentreffen zweier Epakten an insgesamt sechs Kalendertagen ist also ein Ergebnis des Konstruktionsprozesses und keine Festsetzung; die Formulierung »an irgend einer Stelle zwei Epakten auf einen und denselben Tag setzen«, die auch *Ginzel* benutzt, kann also nur heißen, das Ergebnis des Weiterzählens nachträglich – aus welchen Gründen auch immer – zu ändern, genauer die Mondmonate zu verschieben. In seiner Fußnote weist *Ginzel* auf die Tradition der Ostergrenze hin, einen Punkt, den wir im Zusammenhang mit der Ostergrenzenregel 8.6 bereits anschnitten.

12.3 Zitat. *Kaltenbrunner, [19], S. 496f.:* Mehrfachen Veränderungen wurde sodann der Epaktencyklus unterworfen, sowohl in seiner Einschreibung im immerwährenden Kalender, als auch in den Tabellen, welche für die einzelnen Aequationsperioden die den numeris aureis entsprechenden Epacten enthalten. *Lilio* hat bekanntlich die dem Julianischen Kalender eingeschriebenen Numeri aurei fallen lassen, weil sie in ihrer Art starr waren; denn – sollten sie wirklich ein Bestandtheil des Calendarium perpetuum sein, so konnte die allmälig in 310 Jahren zu 1 Tag anwachsende

---

[4][Fußnote von *Ginzel* a.a.O. Nr. 1) auf S. 260] In dem Epaktenzyklus des *Lilius* trat das Kulminieren der Epakten zwischen * und XXIX ein. Die Maßnahme der Kommission, XXV und XXIV, erklärt sich aus der Rücksichtnahme auf die (hohlen) Ostermonate in dem alten 19 jährigen Mondzyklus. Der früheste Ostervollmond war der 21. März, der späteste am 19. April, also der zugehörige Neumond 6. April. Letzterer als Osterneumond ist möglich, wenn die Epakte = XXX - 6 = XXIV ist (März = 30 Tage). In dem 19 jährigen Mondzyklus ist aber (s. S. 136) der späteste Osterneumond am 5. April (im VIII. Jahr), wozu die Epakte XXX-5 = XXV gehört. In den hohlen (29 tägigen) Monaten wird durch die Epakte XXIV der möglich späteste Osterneumond nicht bestimmt; die Kommission setzte deshalb zur Epakte XXIV noch XXV, durch welche der wirklich späteste Neumond angezeigt wird.

Differenz zwischen solaren und lunaren Erscheinungen nicht berücksichtigt werden. An ihre Stelle setzte nun *Lilio* die Epacten, indem er vom 1. Jänner mit 0 beginnend, abwechselnd 30 und 29 Tage weiterzählt und an den betroffenen Tagen abermals Epacte 0 verzeichnet. Im December angelangt, geht er wieder zurück auf den Jänner und verzeichnet nun zu dem Tage, auf den er durch Weiterzählung um 30 gelangt, Epacte XI (0 + 11), beim nächsten Uebergang Epacte XXII (11 + 11), dann Epacte III (22 - 19), alles dies entsprechend dem Vorschreiten oder Zurückbleiben der lunaren Erscheinungen über die solaren in den einzelnen Jahren des neunzehnjährigen Cyklus. Durch diese Manipulation erhält *Lilio* schliesslich zu allen Kalendertagen Zahlen, die sich also von 0 (in diesem Falle = 30) bis 1 inclusive absteigende Reihen dem Auge darstellen. Diese Epacten haben jetzt eine ganz andere Bedeutung als früher im Julianischen Kalender; dort bezeichnen sie das Mondalter des 22. März, hier sind sie Bezeichnungswerthe für die Neumonde. Ihr arithmetisches Verhältniss aber ist dasselbe, denn hier wie dort steigen sie von einem Jahr zum nächsten um 11 auf, wenn ein lunares **[497]** Gemeinjahr zu 354 Tagen gegenübergestellt wird den 365 vollen Tagen des Sonnenjahres, oder sie fallen um 19 in embolistischen Jahren, weil dann nach 384 Tagen die Lunarerscheinungen um 19 Tage später eintreten als die des solaren Jahres. Die Gregorianischen Epacten also zeigen nicht direkt die Neumonde an, sondern sie sind nur Vertreter der Numeri aurei. Jeder der 19 Zahlen des Cyklus entspricht eine solche. Wenn man also früher direct mit dem berechneten numerus aureus des Jahres aus dem immerwährenden Kalender die Neumondstage bestimmen konnte, so muss man jetzt erst die dem numerus aureus entsprechende Epacte suchen, und diese zeigt dann im Kalender das erwünschte an. ☐

Über das Weiterzählen um abwechselnd 30 und 29 Tage äußert sich *Kaltenbrunner* wie *Grotefend* und *Ginzel*, allein er aber beschreibt indirekt die Schaltregel, wenn er den Übergang von der Epakte $22 = 11 + 11$ zu $3 = 22 - 19$ angibt; dieses Schaltverhalten wurde vom aufmerksamen Leser erwartet. Einige Zeilen weiter spricht *Kaltenbrunner* sogar ausdrücklich von embolistischen Jahren und beschreibt die Angelegenheit näher; wir ziehen *Kaltenbrunner* weiter unten noch mehrfach heran, haben aber inzwischen genug Hinweise, um den Epaktenzyklus zu konstruieren.

13 Der reguläre Epaktenzyklus

Zur Zeit der Kalenderreform war es unerläßlich, einen die zeitgenössischen astronomischen Kenntnisse wiederspiegelnden immerwährenden Neulichtkalender zur Verfügung zu stellen, in den sich die in Regel 8.6 ausgedrückte Reform der Osterberechnung einfügt; Vorstufe des neuen Mondzyklus ist der reguläre Epaktenzyklus, der rein mathematisch eingeführt wird. Der Begriff »regulärer Epaktenzyklus« wurde von mir geprägt – in der Literatur findet er sich nicht–, um klar und deutlich zwischen dem mathematischen Kern des Lilianischen Epaktenzyklus und dem von der Reformkommission schließlich verabschiedeten Zyklus zu unterscheiden.

Der immerwährende Gregorianische Neulichtkalender, der endgültige Epaktenzyklus, geht aus dem regulären hervor, indem die Regelmäßigkeit teilweise zu Gunsten der Tradition sowohl von *Lilius* wie auf Kommissionsbeschluß hin aufgegeben wird; die Mondgleichung 8.4 weist schon die Richtung. Obgleich nämlich zusammen mit der Reform 1582 in Kraft getreten, [1] wirkt sie erstmalig 218 Jahre später: Die Kalenderkommission war bemüht, so behutsam wie möglich zu reformieren, um liebgewordene Traditionen weitgehend zu bewahren. *Restitutio* statt *reformatio*, Wiederherstellung statt Reformation, nämlich der gewohnten Verhältnisse des altehrwürdigen *computus*, war die Devise, deren Wirkung uns beschäftigen wird.

Der Begriff der Lilianischen Epakte wird in diesem Kapitel allein wie in Definition 11.1 festgelegt verstanden, die Korrekturen durch Sonnen- und Mondgleichung gemäß Regel 11.2 spielen hier keine Rolle und wir schreiben daher E_R statt E_L.

Die Grundidee des Lilianischen Epaktenzyklus ist folgende. Die astronomische Beobachtung lehrte Ostervollmonde an Tagen, die im *Meton*ischen Zyklus nicht vorkommen: *Lilio* ging daher davon aus, das grundsätzlich an 30 verschiedenen Kalenderdaten Vollmond sein kann, da 30 die größere der beiden Lunationsdauern des *computus* ist.

Von Jahr zu Jahr fortschreitend, steigt die Jahresepakte um 11 mod 30 und falls das neue Jahr zentesimal ist, muß der Wert gemäß der Sonnen- und Mondgleichung korrigiert werden, auf die mathematischen Einzelheiten kommen wir später. Die nämlichen Gleichungen wirken aber höchstens alle hundert Jahre, dazwischen rechnet man wie im *computus* alten Stils in einem Zyklus von 19 Jahren, den *Meton*isch zu nennen nicht mehr angebracht ist. Der neue Zyklus soll natürlich derart konstruiert werden, daß die angenehmen arithmetischen

---

[1]Von der langen Geschichte des Sich-Durchsetzens der Kalenderreform abstrahieren wir hier, der Leser sei zu diesem Thema auf [1], [12], [15], [16], [19] und schließlich [32] verwiesen.

Monats-tag	I	II	III	IV	V	VI	VII	VIII	IX	X	XI	XII	
1	0	28	0	28	28	26	26	24	23	22	21	·20	1
2	29	27	29	27	27	25	25	23	22	21	20	·19	2
3	28	26	28	26	26	24	24	22	21	20	19	18	3
4	27	25	27	25	25	23	23	21	20	19	18	17	4
5	26	24	26	24	24	22	22	20	19	18	17	16	5
6	25	23	25	23	23	21	21	19	18	17	16	15	6
7	24	22	24	22	22	20	20	18	17	16	15	14	7
8	23	21	23	21	21	19	19	17	16	15	14	13	8
9	22	20	22	20	20	18	18	16	15	14	13	12	9
10	21	19	21	19	19	17	17	15	14	13	12	11	10
11	20	18	20	18	18	16	16	14	13	12	11	10	11
12	19	17	19	17	17	15	15	13	12	11	10	9	12
13	18	16	18	16	16	14	14	12	11	10	9	8	13
14	17	15	17	15	15	13	13	11	10	9	8	7	14
15	16	14	16	14	14	12	12	10	9	8	7	6	15
16	15	13	15	13	13	11	11	9	8	7	6	5	16
17	14	12	14	12	12	10	10	8	7	6	5	4	17
18	13	11	13	11	11	9	9	7	6	5	4	3	18
19	12	10	12	10	10	8	8	6	5	4	3	2	19
20	11	9	11	9	9	7	7	5	4	3	2	1	20
21	10	8	10	8	8	6	6	4	3	2	1	0	21
22	9	7	9	7	7	5	5	3	2	1	{0/·29}	29	22
23	8	6	8	6	6	4	4	2	1	0	·28	28	23
24	7	5	7	5	5	3	3	1	{0/29}	29	·27	27	24
25	6	4	6	4	4	2	2	0	28	28	·26	26	25
26	5	3	5	3	3	1	1	29	27	27	·25	25	26
27	4	2	4	2	2	0	{0/29}	28	26	26	·24	24	27
28	3	1	3	1	1	29	28	27	25	25	·23	23	28
29	2	–	2	0	{0/29}	28	27	26	24	24	·22	22	29
30	1	–	1	29	28	27	26	25	23	23	·21	21	30
31	{0/29}	–	{0/29}	–	27	–	25	24	–	22	–	20	31
	I	II	III	IV	V	VI	VII	VIII	IX	X	XI	XII	

Tafel 13.1: Der reguläre Epaktenzyklus. Einrichtung: Die Neulichttage der hohlen, ungeraden Mondmonate sind unterstrichen, denen der Schaltmonate ist ein Punkt vorangestellt. Die Sonnenjahre werden durch ihre Lilianische Epakte bezeichnet.

Eigenschaften des alten erhalten bleiben, insbesondere das Fortschreiten der Jahresepakte und der Ostergrenze um 11 mod 30. Jede der Epakten von 0 bis 29 ist damit Ausgangspunkt von 19-jährigen Zyklen; zwar ist nicht damit zu rechnen, daß jeder davon die überlieferte Länge des *Meton*ischen hat, aber es sollten in jedem genau 235 Neumonde auftreten.

Geben wir also unserem abstrakten mathematischen Modell genannt »Epaktenzyklus« eine klare und einfache Struktur und sehen, wohin wir damit gelangen.

13.1 Kalenderregel (Konstruktion des regulären Epaktenzyklus)**.** Wie im *computus* alten Stils werden von einer gemeinsamen Epoche ausgehend Sonnen- und Mondjahre parallel auf der Zeitachse abgerollt. Die Epoche ist abstrakt in dem Sinne, daß ihr kein historisches Datum zugeordnet wird, sondern man Sonnen-, Mondjahre und Tage von eins an aufsteigend numeriert und mit dem Rückstand 0 des Mondjahres gegen das Sonnenjahr beginnt; die Sonnenjahre sind – wieder wie im *Meton*ischen Zyklus – stets Gemeinjahre, indessen es Mondgemein- und schaltjahre gibt. Das Ende des ersten Mond(gemein)jahres liegt 11 Tage vor dem des Sonnenjahres, in dem es liegt, und wir schalten eine 30-tägige Lunation ein, sobald der Rückstand 30 Tage erreicht oder überschreitet: Die Schaltmonate werden ans Ende des Mondjahres gelegt. Begonnen wird der Epaktenzyklus mit einer vollen Lunation und es wechseln sich volle und hohle regelmäßig ab, allein unterbrochen von den Schaltmonaten.

Jedes Sonnenjahr wird mit seiner *Lilianischen Epakte* (s. Definition 11.1) bezeichnet. In 30 Jahren schließt sich der Zyklus: 30 gemeine Solarjahre haben 10950 Tage, also genau die Zahl Tage, die 30 gemeine Mondjahre zuzüglich 11 Schaltmonaten à 30 Tagen ausmachen,[2] wie wir schon in Gleichung (5.8) erkannten. Tafel 13.1 auf der vorherigen Seite verzeichnet die aus der Regel resultierenden Neulichttage. [3]

Der Algorithmus wurde mittels in der Programmiersprache `JAVA` geschriebener Software implementiert; es wurde nicht nur Tafel 13.1 berechnet, sondern ebenso wurde deren LaTeX-Kode generiert. □

Ziehen wir aus der Regel 13.1 einige später benötigte Schlüsse.

13.2 Lemma. *Im regulären Epaktenzyklus berechnet sich der in Tagen gemessene Rückstand des Mondjahresende gegen das des Sonnenjahres durch die Epaktenfunktion (Def. 16.19)*

$$E_{(30,11,0)}(y) = (11y) \bmod 30,$$

wobei y die Nummer des Mondjahres ist.

---

[2]. . . – und dies keineswegs zufällig, s. Abschnitt 14.2 –

[3]Man überlege sich, warum hier die Fortsetzungseigenschaft (6.1) gilt, die in Kapitel 6 den Osterjahren zugeschrieben wurde, indessen hier – wie demnächst gezeigt werden wird –, der reguläre Epaktenzyklus keine Osterjahre enthält: sie müssen ihm akkommodiert werden, was beim Übergang zum endgültigen Epaktenzyklus geschieht.

Beweis. Das 1. Schaltjahr ist jenes Jahr y mit

$$30 \leq 365y - 354y, \text{ aber } 365(y-1) - 354(y-1) < 30,$$

d.h.

$$11(y-1) = (365 - 354)(y-1) < 30 \leq (365 - 354)y = 11y,$$

was äquivalent ist zu

$$y - 1 < \frac{30}{11} \leq y.$$

Das 2. Schaltjahr ist damit festgelegt durch die Ungleichungen

$$11(y-1) = (365 - 354)(y-1) < 2 \cdot 30 \leq (365 - 354)y = 11y,$$

sprich

$$y - 1 < 2 \cdot \frac{30}{11} \leq y,$$

und man verallgemeinert sofort:

Das k-te Schaltjahr bestimmt sich eindeutig durch

$$11(y-1) < k \cdot 30 \leq 11y,$$

mithin die Ungleichungen

$$y - 1 < k \cdot \frac{30}{11} \leq y,$$

die ein Spezialfall jener der Definition 16.5 sind, wobei $c = 30$ und $l = 11$; die Behauptung folgt schließlich aus (16.14.ii) und 16.23. $\qquad\square$

Die Lage der Mondschaltmonate wird auf Tafel 13.2 unabhängig von Tafel 13.1 auf Seite 100, die mittels eigens dazu geschriebener Software errechnet und gesetzt wurde, ermittelt, so daß sich weiterhin die Grenzen der Mondjahre ergeben, wie sie Tafel 13.3 auf Seite 105 enthält: alle Mondjahre mit Ausnahme des ersten beginnen im Dezember.

13.3 Korollar. *Die Lilianische Epakte eines Sonnenjahres im regulären Epaktenzyklus ist die Zahl der Tage des dem Neujahrstag zugehörigen Mondjahrs, die vor ihm bereits abgelaufen sind; dies ist zugleich der Rückstand des vorhergehenden Mondjahres gegen das Sonnenjahr.*

Ist y die Nummer des Sonnenjahrs, so beträgt seine Jahresepakte neuen Stils

$$\mathrm{E_R} = (11(y-1)) \bmod 30.$$

Umgekehrt gilt

$$y = ((11\,\mathrm{E_R}(y)) \bmod 30) + 1.$$

Beweis. Zur ersten Gleichung ist nichts zu sagen, und die zweite folgt aus (B.5). $\qquad\square$

Mondschaltjahr			luna I des Mondschaltmonats		
i	λ_i	E_R	Tagesnummer		Datum
1	3	22	$3 \times 354 + 1$	$=\quad 2 \times 365 + (365 - 32)$	29.11.
2	6	25	$6 \times 354 + 31$	$=\quad 5 \times 365 + (365 - 35)$	26.11.
3	9	28	$9 \times 354 + 61$	$=\quad 8 \times 365 + (365 - 38)$	23.11.
4	11	20	$11 \times 354 + 91$	$=\quad 10 \times 365 + (365 - 30)$	01.12.
5	14	23	$14 \times 354 + 121$	$=\quad 13 \times 365 + (365 - 33)$	28.11.
6	17	26	$17 \times 354 + 151$	$=\quad 16 \times 365 + (365 - 36)$	25.11.
7	20	29	$20 \times 354 + 181$	$=\quad 19 \times 365 + (365 - 39)$	22.11.
8	22	21	$22 \times 354 + 211$	$=\quad 21 \times 365 + (365 - 31)$	30.11.
9	25	24	$25 \times 354 + 241$	$=\quad 24 \times 365 + (365 - 34)$	27.11.
10	28	27	$28 \times 354 + 271$	$=\quad 27 \times 365 + (365 - 37)$	24.11.
11	30	19	$30 \times 354 + 301$	$=\quad 29 \times 365 + (365 - 29)$	02.12.

Tafel 13.2: Die Mondschaltmonate des regulären Epaktenzyklus.
λ_i ist die Nummer des Mondjahrs im Zyklus $(30, 11, 0)$ und E_R die Lilianische Epakte des Sonnenjahrs, in welches der Mondschaltmonat fällt.

Es ist kein Zufall, daß Tafel 13.1 auf Seite 100 keine leeren Plätze enthält, wie der nächste Satz lehrt: man mag ihn für überflüssig halten, ist doch seine Aussage aus Tafel 13.1 abzulesen, sprich eine Beobachtung im Sinne der Bemerkung 2.5. Da der reguläre Epaktenzyklus eine endliche Struktur ist, ist ein weiterer Beweis in der Tat überflüssig. Andererseits vermittelt stures Ausrechnen, das Ausführen eines einfachen Algorithmus – *brute force* wie man in der Informatik sagt – keine Einsicht, was ein Beweis stets erreicht; hier können wir den Beweis zur Entwicklung eines Algorithmus, nämlich 13.8, verwenden, der zu einem gegebenen Monatstag berechnet, in welchem Sonnengemeinjahr des Zyklus an ihm Neulicht ist. Sonnenjahre werden dazu im folgenden mit ihrer Jahresepakte bezeichnet, wenn nichts anderes gesagt wird.

13.4 Satz (Ausschöpfung der Kalendertage). *Im regulären Epaktenzyklus sind die Kalendertage 31.01., 31.03., 29.05., 27.07., 24.09. und 22.11. mit zwei Epakten belegt, und zwar mit 0 und 29; allen anderen Tagen des Sonnengemeinjahrs ist nur eine Epakte zugeordnet.*

Beweis. Wir betrachten das erste Sonnenjahr des Zyklus sowie dessen erste 13 Lunationen und numerieren die Tage aufsteigend mit 0 bei der gemeinsamen Epoche beginnend.

Zu einem beliebigen Kalendertag, gegeben durch Monatsnummer und Tagesnummer innerhalb des Monats, sei $n \in [0, 364] \cap \mathbb{Z}$ seine Nummer im ersten Sonnenjahr: fällt n dort auf einen Neulichttag, so ist in mindestens einem Sonnenjahr an dem Kalendertag Neumond; ist die zugehörige Lunation hohl, so ist 29 Tage später erneut Neulicht. Da das erste Sonnenjahr die Epakte 0 hat, aber nach Korollar 13.3 alle Werte $0, \ldots, 29$ vorkommen, ist auch in jenem n Tage nach Neujahr Neulicht, wenn die Neumonde 29 Tage früher im Sonnenjahr auftreten, will sagen dann, wenn die Epakte 29 ist.

Ist n Tage nach Neujahr im ersten Sonnenjahr, also dem der Epakte 0, kein Neumond, so ist, egal ob der Tag n in einer hohlen oder vollen Lunation liegt, höchstes 29 Tagen später Neulicht, mithin gibt der Tagesabstand die Epakte jenes Sonnenjahres an, in dem am Tage n Neumond ist, wie abermals aus Korollar 13.3 folgt.

Damit ist gezeigt: An jedem Kalendertag ist mindestens einmal Neulicht, und an den Kalendertagen, an denen im ersten Sonnenjahr, sprich dann, wenn die Epakte 0 ist, eine hohle Lunation beginnt, ist zusätzlich auch im Sonnenjahr der Epakte 29 Neulicht; im ersten Sonnenjahr beginnen genau 6 hohle Lunationen, es gibt also mindestens 6 Tage, an den im Jahre der Epakte 0 und im Jahre der Epakte 29 Neulicht ist. Wir haben damit $365 + 6 = 371$ Neumonde verteilt und mehr enthält der reguläre Epaktenzyklus nicht, denn $30 \cdot 12 + 11 = 371$. Es kann also nur an den genannten Kalendertagen in zwei Sonnenjahren Neulicht sein. Mittels (16.32.i),(16.32.iv) und 18.5 rechnet man geduldig nach, daß die hohlen Lunationen der Epakte 0 an den behaupteten Tagen beginnen. [4] $\qquad\square$

Die folgenden Beispiele bereiten den schon erwähnten Algorithmus 13.8 vor, der als JAVA-Programm formuliert ist. [5]

13.5 Beispiel. Der 27. April des ersten Sonnenjahres hat die Nummer $n = \left\lfloor \frac{4 \cdot 3 + 3}{7} \right\rfloor + 30 \cdot 3 + 27 - 3 = 116$ und liegt in der Lunation $m = \left\lfloor \frac{2 \cdot 117 + 59}{59} \right\rfloor = 4$. Vor Beginn der Lunation sind im Mondjahr 89 Tage abgelaufen, das nächste Neulicht ist am Tage 118. Also ist am Tag 116 kein Neulicht und das nächste folgt in 2 Tagen. Damit ist am 27.04.02 Neumond. $\qquad\square$

13.6 Beispiel. Der 29. Mai des ersten Sonnenjahres hat die Nummer $n = \left\lfloor \frac{4 \cdot 4 + 3}{7} \right\rfloor + 30 \cdot 4 + 29 - 3 = 148$ und liegt in der Lunation $m = \left\lfloor \frac{2 \cdot 149 + 59}{59} \right\rfloor = 6$. Vor Beginn der Lunation sind im Mondjahr $\left\lfloor \frac{6}{2} \right\rfloor + 29 \cdot 5 = 148$ Tage abgelaufen. Also ist der 29. Mai Neulichttag des ersten Sonnenjahrs und der darauffolgende ist der Tag $\left\lfloor \frac{6+1}{2} \right\rfloor + 29 \cdot 6 = 177$, also 29 Tage nach dem 29. Mai, mithin ist an letzterem auch im Jahre 29 Neumond. $\qquad\square$

13.7 Beispiel. Der 25. August des ersten Sonnenjahres hat die Nummer $n = \left\lfloor \frac{4 \cdot 7 + 3}{7} \right\rfloor + 30 \cdot 7 + 25 - 3 = 236$ und liegt in der Lunation $m = \left\lfloor \frac{2 \cdot 237 + 59}{59} \right\rfloor = 9$. Vor Beginn der Lunation sind im Mondjahr $\left\lfloor \frac{9}{2} \right\rfloor + 29 \cdot 8 = 236$ Tage abgelaufen. Also ist der 25. August Neulichttag des ersten Sonnenjahrs und der darauffolgende ist der Tag 266, also 30 Tage später. $\qquad\square$

---

[4] Man kann auch die Ergebnisse des Algorithmus 13.8, die weiter unten angegeben sind, heranziehen.

[5] Das Programm ist bewußt nicht im eigentlichen Sinne objektorientiert geschrieben worden, da es hier ausschließlich auf die Arithmetik ankommt.

y	Mondneujahr	Rückstand	y	Mondneujahr	Rückstand
1	01.01.00	11	16	17.12.04	26
2	21.12.00	22	17	06.12.15	7
3	10.12.11	3	18	25.12.26	18
4	29.12.22	14	19	14.12.07	29
5	18.12.03	25	20	03.12.18	10
6	07.12.14	6	21	22.12.29	21
7	26.12.25	17	22	11.12.10	2
8	15.12.06	28	23	30.12.21	13
9	04.12.17	9	24	19.12.02	24
10	23.12.28	20	25	08.12.13	5
11	12.12.09	1	26	27.12.24	16
12	31.12.20	12	27	16.12.05	27
13	20.12.01	23	28	05.12.16	8
14	09.12.12	4	29	24.12.27	19
15	28.12.23	15	30	13.12.08	0
A	B	C	D	E	F

Tafel 13.3: Die Mondjahre des regulären Epaktenzyklus. Die Spalten bedeuten: A und D die Mondjahresnummer im Zyklus, B und E das Datum des Mondneujahrs gegeben durch Tag, Monat und Lilianische Epakte des Sonnenjahrs, C und F den Rückstand des Mondjahresendes gegen das nächste Sonnenneujahr.

13.8 Algorithmus.

```
/*
 * Main.java
 *
 * Created on 31. Oktober 2007, 12:10
 *
 */
package neumondkalender;
/**
 * Der Neumondkalender des regulären Epaktenzyklus.
 */
public class Main {
    /** Creates a new instance of Main */
    public Main() {
    }
    /**
     * Das Hauptprogramm.
     * @param args the command line arguments
     */
    public static void main(String[] args) {
        druckeNeumonddatum(1, 31);
        druckeNeumonddatum(3, 31);
        druckeNeumonddatum(4, 27);
        druckeNeumonddatum(5, 29);
        druckeNeumonddatum(6, 27);
        druckeNeumonddatum(8, 25);
        druckeNeumonddatum(9, 24);
        druckeNeumonddatum(11, 22);
        druckeNeumonddatum(12, 31);
    }
    /**
     * Berechnet die Tagesnummer eines
     * Kalendertags\index{Kalender!Tag}
     * im Sonnengemeinjahr.
     * Die Numerierung beginnt mit der
     * Zahl 0 am Neujahrstag und steigt
     * bis auf 364 am Silvestertag.
     * @param monat Die Ordnungszahl des
```

```
 *  Monats  im  Jahr.
 *  @param  tag  Die  Ordnungszahl  des
 *  Tags  im  Monat.
 *  @return  Die  berechnete  Tagesnummer
 *  zwischen  0  und  364.
 */
public  static  int  tagesnummer(
                int  monat,  int  tag)  {
    int  n  =  (4*(monat-1)+3)/7
                +  30*(monat-1)  +  tag;
    if  (monat  >=  2  ||
        (monat  ==  2  &&  tag  >  28)){
        n  -=  3;
    }  else  {
        n  -=  1;
    }
    return  n;
}
/**
 *  Berechnet  die  Lunation,  in  der
 *  ein  Tag  des  ersten  Sonnengemein-
 *  jahrs  liegt.
 *  @param  tagesnr  Nummer  eines
 *  Kalendertages  zwischen  0  und  364.
 *  @return  Ordnungsnummer  der  Lunation
 *  zwischen  1  und  13.
 */
public  static  int  lunationsnummer(int  tagesnr)  {
    return  (2*(tagesnr  +  1)  +  59)/59;
}
/**
 *  Berechnet  die  Anzahl  der  Tage  vom
 *  Neumond  der  Lunation  1  bis  zum  letzten
 *  Tag  der  gegebenen  Lunation.
 *  @param  lunationsnr  Nr.  der  Lunation
 *  zwischen  1  und  13,  zu  der  die  Tages-
 *  anzahl  bestimmt  werden  soll.
 *  @return  Die  Anzahl  der  Tage  vom  Mond-
 *  neujahr  des  1.  Mondjahres  bis  zum  Ende
 *  der  gegebenen  Lunation.
 */
public  static  int  tageBisLunationsende(
                        int  lunationsnr)  {
    return  29*lunationsnr
                +  (lunationsnr  +  1)/2;
}
/**
 *  Schreibt  "t.m.e"  in  den  Standardaus-
 *  gabestrom,  wobei  e  die  Epakten  der
 *   Jahre  durchläuft,  an  denen  am  gege-
 *  benen  Tag  Neumond  ist.
 *  @param  monat  Die  Ordnungszahl  des
 *  Monats  im  Jahr.
 *  @param  tag  Die  Ordnungszahl  des
 *  Tags  im  Monat.
 */
public  static  void  druckeNeumonddatum(
                    int  monat,  int  tag)  {
    final  int  n  =  tagesnummer(monat,  tag);
    final  int  m  =  lunationsnummer(n);
    final  int  vorherigerNeumond
                =  tageBisLunationsende(m-1);
    final  int  naechsterNeumond
                =  tageBisLunationsende(m);
    int  e  =  0;
    String  s  =  String.valueOf(tag)
            +  "."  +  String.valueOf(monat)
```

```
          + ".";
if (vorherigerNeumond == n) {
    // Am Tage n ist Neumond
    System.out.println(s+"0");
    if (naechsterNeumond - n < 30) {
    System.out.println(s+"29");
    }
} else {
    // Am Tage n ist kein Neumond
    e = naechsterNeumond - n;
    System.out.println(s+String.valueOf(e));
}
    }
}
```

Das Programm berechnet die Werte 31.1.0, 31.1.29, 31.3.0, 31.3.29, 27.4.2, 29.5.0, 29.5.29, 27.6.0, 25.8.0, 24.9.0, 24.9.29, 22.11.0, 22.11.29 und 31.12.20, die mit denen der Tafel 13.1 auf S. 100 übereinstimmen, aber anders ermittelt wurden: hier werden die Ideen des Beweises von Satz 13.4 verwendet, dort wird stur das sehr einfache aber mühselige Verfahren benutzt, das in Kalenderregel 13.1 beschrieben ist und auf schlichtes Abzählen hinausläuft.

Zur Erklärung des regelmäßigen Absteigens der Epakten entlang der Tage der Sonnenmonate ziehe man den Beweis des Satzes 13.4 heran, oder wende Gleichung (17.1.ii) an.

Die Schaltmonate des regulären Epaktenzyklus beginnen – wie wir erkannt haben – im November oder Dezember, sind also weit entfernt von den Osterlunationen und wir wollen untersuchen, ob unsere Regelmäßigkeit sich mit der traditionellen Osterberechnung verträgt, mit anderen Worten: Gilt ein Ostergrenzensatz analog zu 5.9, will sagen ein Satz, in dem lediglich die Konstante 15 geändert wurde, aber sich das jährliche Fortschreiten +19 mod 30 erhalten hat, wie es Kalenderregel 8.6 ausdrückt? Tafel 13.4 auf der nächsten Seite gibt die wesentlichen Überlegungen wieder.

Die am 23.03.23 beginnende Lunation hat im Mondjahr-Nr. 14, welches am 09.12.12 beginnt, die Ordnungszahl 4. Der Beginn des 4. Mondmonats ändert sich von Jahr zu Jahr fortschreitend wie das Mondneujahr – gehorcht also einer Epaktenfunktion gemäß Definition 16.19 – da die Schaltmonate im November und Dezember beginnen, ist der Abstand der *luna I* des 4. Mondmonats vom Mondneujahr nämlich stets der gleiche.

Spalte F nun gibt genau die nach diesem Verfahren berechneten Mondmonatsanfänge wieder. Sofern die Neumonde aus Spalte F nicht vor den 8. März fallen, wären sie, gälte die gewünschte Gesetzmäßigkeit, die der Osterlunationen, anderenfalls gehe man 30 Tage weiter; die Spalten G und H stellen dies dar.

Wir beobachten: Die Neumonde der Spalte F kommen im regulären Epaktenzyklus vor, was auf Grund ihrer Konstruktion nicht verwundert, indes jene der Spalte H, in deren Zeile in Spalte G eine 30 steht, nicht vorkommen, da die gemäß Spalte F beginnenden Lunationen hohl sind, sprich die Osterlunation beginnt einen Tag früher als in Spalte H steht, also wie Spalte C es angibt; ein Ostergrenzensatz analog zu 5.9 oder wie in Kalenderregel 8.6 gilt also nicht.

A	B	C	D	E	F	G	H
23	30	08.03.	0	0	08.03.	0	08.03.
4	0	27.03.	19	19	27.03.	0	27.03.
15	0	16.03.	8	8	16.03.	0	16.03.
26	30	03.04.	26	27	05.03.	30	04.04.
7	0	24.03.	16	16	24.03.	0	24.03.
18	0	13.03.	5	5	13.03.	0	13.03.
29	30	31.03.	23	24	02.03.	30	01.04.
10	0	21.03.	13	13	21.03.	0	21.03.
21	30	10.03.	2	2	10.03.	0	10.03.
2	0	29.03.	21	21	29.03.	0	29.03.
13	0	18.03.	10	10	18.03.	0	18.03.
24	30	05.04.	28	29	07.03.	30	06.04.
5	0	26.03.	18	18	26.03.	0	26.03.
16	0	15.03.	7	7	15.03.	0	15.03.
27	30	02.04.	25	26	04.03.	30	03.04.
8	0	23.03.	15	15	23.03.	0	23.03.
19	30	12.03.	4	4	12.03.	0	12.03.
0	0	31.03.	23	23	31.03.	0	31.03.
11	0	20.03.	12	12	20.03.	0	20.03.
22	30	09.03.	1	1	09.03.	0	09.03.
3	0	28.03.	20	20	28.03.	0	28.03.
14	0	17.03.	9	9	17.03.	0	17.03.
25	30	04.04.	27	28	06.03.	30	05.04.
6	0	25.03.	17	17	25.03.	0	25.03.
17	0	14.03.	6	6	14.03.	0	14.03.
28	30	01.04.	24	25	03.03.	30	02.04.
9	0	22.03.	14	14	22.03.	0	22.03.
20	30	11.03.	3	3	11.03.	0	11.03.
1	0	30.03.	22	22	30.03.	0	30.03.
12	0	19.03.	11	11	19.03.	0	19.03.

Einrichtung: Indizierte große Buchstaben bedeuten den Wert der gleichnamigen Spalte in der indizierten Zeile.

Spalte A: Lilianische Jahresepakte zwecks Benennung der Sonnenjahre.

Spalte B: Anzahl der Mondschalttage im Sonnenjahr, die *luna I paschalis* des Folgejahres beeinflussen.

Spalte C: Osterneulicht laut Tafel 13.1.

Spalte D: Abstand des Osterneulichts der Spalte C vom 8. März.

Spalte E:
$$E_1 = 0,$$
$$E_{n+1} = (E_n + 19) \bmod 30.$$

Spalte F:
$$F_1 = C_1,$$
$$F_{n+1} = F_n + (B_n - 11) \bmod 30.$$

Spalte H: $H_n = F_n + G_n.$

Tafel 13.4: Die Osterlunationen des regulären Epaktenzyklus

Notwendige Konsequenz dieser mißlichen Tatsache ist, folglich die Regelmäßigkeit des regulären Epaktenzyklus aufzugeben, um die »+19 mod 30-Gesetzmäßigkeit« der Ostergrenze zu bewahren.

14 Der Gregorianische Epaktenzyklus

14.1 Der Übergang zum endgültigen Epaktenzyklus

Wenn *Ginzel* in Zitat 12.2 schreibt ». . . Die Epakte I kommt auf den 30. Januar. Von hier mit 30- und 29 tägigen Monaten weiterzählend, würde man 6 mal im Jahre auf Tage mit I kommen, die bereits mit * gekennzeichnet sind. . . « so ist dies einerseits falsch, weist aber darauf hin, daß es nicht bei dem regulären Epaktenzyklus geblieben ist.

*Ginzel*s Fehler ist aber vielleicht nur ein Mißverständnis einer Aussage *Kaltenbrunner*s in [19], S. 499 unten, s. unsere Fußnote auf S. 110; aber auch letzterer ist mißverständlich, wenn er eine Seite zuvor schreibt ». . . Er entschied sich für den Anfang der Zahlenreihe und setzte O(XXX) und XXIX zusammen. . . «. Generell wird in der zitierten Literatur davon gesprochen, man müsse zwei Epakten an einem Kalendertag zusammenfallen lassen.

Dahinter vermute ich die, nach meiner Meinung unglückliche, da Unklarheiten erzeugende, Vorstellung, es werden abwechselnd volle und hohle Mondmonate in der Tagesfolge 1. Januar bis 31. Dezember abgerollt und alle Tage mit Mondaltern, sprich Epakten aufgefüllt. Da 30 Epakten zu verteilen sind, müssen in den hohlen Monaten je ein Tag mit zwei Epakten belegt sein und man sei frei, diese Tage zu wählen: Welche genaue Folge von hohlen und vollen Mondmonaten dadurch parallel zu den Sonnenjahren des 30-jährigen Zyklus abgerollt wird bleibt – zumindest mir – verschlossen.

Doch zurück zu *Kaltenbrunner*; zählt man abwechselnd um volle und hohle Mondmonate weiter, so hat man keine Wahl, wir wir in Kapitel 13 erkannt haben: Die Kalendertage, denen zwei Epakten zugeordnet sind, ergeben sich zwangsläufig, ohne dem Konstrukteur eine Wahl zu lassen, wie in Satz 13.4 angegeben. In seiner Fußnote a.a.O. auf S. 260 (s. unsere S. 97) gibt auch *Ginzel* an, diese Werte seien jene des ursprünglichen Lilianischen Zyklus gewesen. Wenn *Ginzel* weiter schreibt »Der früheste Ostervollmond war der 21. März, der späteste der 19. April«, so ist diese Aussage einigermaßen rätselhaft: im *Meton*ischen Zirkel ist sie, wie *Ginzel* einige Zeilen später selber schreibt, falsch und über den reformierten Zyklus sagt er nichts. Im regulären Epaktenzyklus ist aber wie im *Meton*ischen Zirkel das früheste Osterneulicht am 8. März und das späteste am 5. April. Das gleiche gilt in *Ginzel*s immerwährendem Gregorianischen Kalender, unserer Tafel 14.1 aus S. 113: vielleicht folgt *Ginzel* der oben unglücklich genannten Vorstellung über das Auffüllen mit Epakten?

Doch folgen wir wieder *Kaltenbrunner* in seiner Darstellung des ursprünglichen Epaktenzyklus, wie er von *Lilius* vorgeschlagen wurde (a.a.O. S. 498ff.). Lemma 17.1, genauer Gleichung (17.1.⋆), impliziert, daß der Epakte 29 genau im Abstand 11 die um +1 mod 30 höhere, nämlich 0, folgt: in einem 19-jährigen Zyklus können damit sechs Neumonde auf den gleichen Tag fallen, was im *Meton*ischen Zirkel unmöglich ist; dort trat allein das Neulicht vom 2. Dezember in zwei Jahren auf, nämlich in den Jahren der beiden goldenen Zahlen II und XIII. Dieses Kulminieren, wie die Komputisten sagen, wurde aber von einigen von ihnen beseitigt, wie uns schon Zitat 4.7 lehrte.

Das sechsmalige Kulminieren der Neumonde war seinerzeit ein unannehmbarer Bruch mit der Tradition, man empfand ihn als gegen die Natur des Zyklus gerichtet; ihn zu beseitigen verfiel *Lilius* auf einen Kunstgriff, der uns schon bei der *Bach*schen Kalenderregel 8.6 begegnete, wo sie in der 2. Sonderbestimmung komplementär zu hier formuliert ist: Genau dann, wenn die goldene Zahl > 11 ist, wird ein hohles Neulicht [1] im Jahre 0 um einen Tag zurückgeschoben, d.h. die Epakte 0, sprich ⋆, neben die Epakte 1 gesetzt: der Deutlichkeit halber schreibt *Lilius* in seinem immerwährenden Kalender neben die I [2] ein ω und es ergibt sich bei ihm die Epaktenfolge

II

I ω

⋆ XXIX

XXVIII.

Am Ende des vorherigen Abschnitts erkannten wir die Unregelmäßigkeit der Ostergrenze als notwendigen Grund, nicht beim regulären Epaktenzyklus zu verharren und wir werden im folgenden noch weitere Gründe finden, ihn zu modifizieren. Es wird nämlich nach wie vor in 19-jährigen Zyklen gerechnet, allein ist deren Zuordnung zu den goldenen Zahlen nicht mehr unveränderlich, wie beim *Meton*ischen Zyklus, sondern verschiebt sich auf Grund der Sonnen- und Mondgleichung regelmäßig in zentesimalen Jahren, vgl. den Term $M(h)$ auf Tafel 11.1.

Das oben beschriebene Zusammenfallen der Epakten 0 und 29 auf einen Tag im ursprünglichen Lilianischen Epaktenzyklus wurde von der Reformkommission nicht akzeptiert, da ihr daran gelegen war, so viele hohle Ostermonate [3] wie möglich zu erhalten: man ließ also stattdessen die Epakten 24 und 25 zusammenfallen; stellt man sich vor, Sonnen- und Mondjahre parallel zueinander auf der Zeitachse abzuwickeln, so gelangt man zu der 1. Bestimmung der Regel 14.1.

---

[1] Ein Neulicht bezeichnen wir als hohl/voll, wenn es einen hohlen/vollen Mondmonat einleitet.

[2] Liegt hierin die Ursache der oben erwähnten falschen Aussage *Ginzel*s?

[3] Es sei an die Ausführungen in Kapitel 6 erinnert.

14.1 Kalenderregel (Epaktenverschiebung). Der auf Tafel 14.1 auf Seite 113 dargestellte immerwährende Gregorianische Neulichtkalender entsteht aus dem regulären Epaktenzyklus gemäß Tafel 13.1 auf S. 100 durch die beiden Bestimmungen:

1. Verschiebe die Neumonde der Jahre 25 bis 29, die in einem der Intervalle

$$\begin{array}{llll} \text{vom} & 31.01. & \text{bis zum} & 04.02., \\ \text{vom} & 31.03. & \text{bis zum} & 04.04., \\ \text{vom} & 29.05. & \text{bis zum} & 02.06., \\ \text{vom} & 27.07. & \text{bis zum} & 31.07., \\ \text{vom} & 24.09. & \text{bis zum} & 28.09. \text{ oder} \\ \text{vom} & 22.11. & \text{bis zum} & 26.11. \end{array}$$

liegen, um einen Tag nach vorne in die Zukunft.

Der Neumond der hohlen Monate des Jahres 25 wird um einen Tag früher angesetzt, wenn die goldene Zahl größer 11 ist; in Tafel 14.1 auf Seite 113 steht vor der Epakte dann ein Pluszeichen.

2. Ist die goldene Zahl 19 dem Jahre des gleichen Werts zugeordnet, so erhält das nämliche Jahr ein zusätzliches Neulicht am 31. Dezember; auf Tafel 14.1 auf Seite 113 ist diese Epakte eingeklammert.

Der Algorithmus wurde mittels in der Programmiersprache `JAVA` geschriebener Software implementiert; es wurde nicht nur Tafel 14.1 berechnet, sondern ebenso wurde deren LATEX-Kode generiert. □

Die 2. Bestimmung der Regel 14.1 und die gesonderte Behandlung der nach dem 1. Dezember beginnenden Lunationen, wie sie in der Legende der Tafel 14.1 auf Seite 113 beschrieben ist, erklärt sich wie folgt. Berücksichtigt man die goldene Zahlen im IGNK ebenso wenig wie die Pluszeichen und die eingeklammerte Epakte, so sind die Angaben über hohle und volle Lunationen korrekt: Die Epakte steigt von Jahr zu Jahr um +11 mod 30 und nach dem Jahr 19 schließt sich der Zyklus, man ist dann wieder zum Jahr 0 zurückgekehrt.

Es wird aber wie vor der Reformation in 19-jährigen Zyklen gerechnet und es ergibt sich die den Mondsprung berücksichtigende Tagesbilanz

$$(14.2) \qquad 19 \cdot 365 = 6935 = 19 \cdot 354 + 6 \cdot 30 + 29;$$

die Lilianische Jahresepakte steigt um 12 mod 30, wenn die goldene Zahl von 19 zu 1 wechselt; Zyklen, in deren Lauf sich der Term $8 - \mathrm{s}(y) + \mathrm{m}(y)$ ändert, werden dabei naturgemäß nicht betrachtet.

Beginnen wir mit dem Neulicht am 31.12.20; ist die goldene Zahl kleiner 19, d.h. ist das Jahr 20 nicht das letzte im 19-jährigen Zyklus, so hat das Folgejahr die Jahresepakte $1 = (20 + 11) \bmod 30$ und das nächste Neulicht fällt 30 Tage später auf den 30.01.01; diese Überlegung läßt sich auf alle Neumonde bis zu jenem am 2. Dezember übertragen.

Andererseits ist jedem Jahr, sprich jeder Epakte, irgendwann die goldene Zahl 19 zugeordnet, wie sich aus der Kalenderregel 11.2 und der Berechnung auf Tafel 11.1 ergibt.

Auf das Neulicht am 02.12.19 folgt, wenn die goldene Zahl 19 ist, das nächste erst am 30.01.01, mithin im unannehmbaren Abstand von 59 Tagen, wie folgende Überlegung zeigt.

Sei etwa y ein Jahr der goldenen Zahl 19 und der gleichen Lilianischen Epakte. Wegen Kalenderregel 11.2 und Tafel 11.1 gibt es ein $M \in \mathbb{N}$ mit $19 = \mathrm{E_L}(y) = (M + 11 \cdot 18) \bmod 30$. Dann ist $\mathrm{E_L}(y + 1) = M \bmod 30$ und wir folgern

$$M + 11 \cdot 18 \equiv 19 \pmod{30},$$
$$M \equiv 19 - 11 \cdot 18 \pmod{30},$$

also

$$M \equiv 1 \pmod{30},$$

was schließlich $\mathrm{E_L}(y + 1) = 1$ ergibt, und das erste Neulicht dieses Jahres ist laut Tafel 13.1 der 30.01.01.

Daher wird in dem Fall, daß der Jahresepakte 19 die gleiche goldene Zahl zugeordnet ist, im endgültigen Epaktenzyklus eine am 31.12.19 beginnende hohle Lunation eingefügt, um den obigen unannehmbaren Abstand zu beseitigen.

Auf jedes Neulicht der Tage 3. bis 20. Dezember des regulären Epaktenzyklus hingegen folgt in 29 Tagen Abstand das erste des Folgejahres, wie man geduldig nachprüft.

Man beobachtet an Tafel 14.1 auf der nächsten Seite, [4] dem Gregorianischen Neulichtkalender, daß die Mondneujahrstage des regulären Epaktenzyklus gemäß Tafel 13.3 auf Seite 105 als Neulichttage erhalten blieben, die Mondjahresgrenzen gelten unverändert und damit deren Längen: geändert hat sich ihre Aufteilung in Lunationen. Es ist aber nicht mehr sinnvoll, einzelne Mondmonate als embolismal zu bezeichnen, weshalb auf Tafel 14.1 keine Schaltmonate ausgewiesen wurden. So sind die Schaltmonate der Jahre 20 bis 24 als volle Monate erhalten geblieben, aber der des Jahres 19 ist nur voll, wenn die goldene Zahl ungleich 19 ist. In den Jahren 25 bis 29 beginnen an den Neulichttagen der regulären Schaltmonate im immerwährenden Gregorianischen Neulichtkalender keine Lunationen mehr.

14.3 Satz (Ostergrenzensatz neuen Stils). *Die Ostergrenze eines Jahres $y \geq 1583$ der goldenen Zahl $g(y) = (y \bmod 19) + 1 \in \mathbb{G}$ hat den Abstand von $\mathrm{D}(y)$ Tagen zum Frühlingsanfang; der Osterneumond hat den gleichen Abstand vom 8. März. Setzt man*

$$\mathrm{M}(y) = (15 + \mathrm{s}(y) - \mathrm{m}(y)) \bmod 30,$$

---

[4]Die hier berechneten Werte sind genau die Ginzels in dessen Tafel IV ([12], III, S. 422 – 424).

Monats-tag	Sonnen-monat											
	I	II	III	IV	V	VI	VII	VIII	IX	X	XI	XII
1	0	29	0	29	28	27	26	{24 / +25}	23	22	21	20
2	29	28	29	28	27	26	25	23	22	21	20	19
3	28	27	28	27	26	{24 / +25}	24	22	21	20	19	18
4	27	26	27	26	25	23	23	21	20	19	18	17
5	26	{24 / +25}	26	{24 / +25}	24	22	22	20	19	18	17	16
6	25	23	25	23	23	21	21	19	18	17	16	15
7	24	22	24	22	22	20	20	18	17	16	15	14
8	23	21	23	21	21	19	19	17	16	15	14	13
9	22	20	22	20	20	18	18	16	15	14	13	12
10	21	19	21	19	19	17	17	15	14	13	12	11
11	20	18	20	18	18	16	16	14	13	12	11	10
12	19	17	19	17	17	15	15	13	12	11	10	9
13	18	16	18	16	16	14	14	12	11	10	9	8
14	17	15	17	15	15	13	13	11	10	9	8	7
15	16	14	16	14	14	12	12	10	9	8	7	6
16	15	13	15	13	13	11	11	9	8	7	6	5
17	14	12	14	12	12	10	10	8	7	6	5	4
18	13	11	13	11	11	9	9	7	6	5	4	3
19	12	10	12	10	10	8	8	6	5	4	3	2
20	11	9	11	9	9	7	7	5	4	3	2	1
21	10	8	10	8	8	6	6	4	3	2	1	0
22	9	7	9	7	7	5	5	3	2	1	0	29
23	8	6	8	6	6	4	4	2	1	0	29	28
24	7	5	7	5	5	3	3	1	0	29	28	27
25	6	4	6	4	4	2	2	0	29	28	27	26
26	5	3	5	3	3	1	1	29	28	27	26	25
27	4	2	4	2	2	0	0	28	27	26	{24 / +25}	24
28	3	1	3	1	1	29	29	27	26	25	23	23
29	2	–	2	0	0	28	28	26	{24 / +25}	24	22	22
30	1	–	1	29	29	27	27	25	23	23	21	21
31	0	–	0	–	28	–	26	24	–	22	–	{(19) / 20}
	I	II	III	IV	V	VI	VII	VIII	IX	X	XI	XII

Tafel 14.1: Der immerwährende Gregorianische Neulichtkalender. Einrichtung: Steht ein Pluszeichen vor einer Epakte, so muß sie um eins erhöht werden, wenn die goldenen Zahl größer 11 ist; das Neulicht tritt dann einen Tag früher ein. Eine eingeklammerte Epakte gilt nur für die goldene Zahl 19. Die Neulichttage der hohlen, ungeraden Monate sind unterstrichen; davon abweichend gilt für nach dem 01.12. beginnende Lunationen: Die am 02.12. beginnende Lunation ist voll, wenn die goldene Zahl kleiner 19 ist, sonst ist sie hohl. Die nach dem 02.12. beginnenden Lunationen mit uneingeklammerter Jahresepakte sind voll, wenn die goldenen Zahl kleiner 19 ist, sonst sind sie hohl.

A	B	C	D	E	F	G	H
23	30	08.03.	0	0	08.03.	0	08.03.
4	0	27.03.	19	19	27.03.	0	27.03.
15	0	16.03.	8	8	16.03.	0	16.03.
26	30	04.04.	27	27	05.03.	30	04.04.
7	0	24.03.	16	16	24.03.	0	24.03.
18	0	13.03.	5	5	13.03.	0	13.03.
29	30	01.04.	24	24	02.03.	30	01.04.
10	0	21.03.	13	13	21.03.	0	21.03.
21	30	10.03.	2	2	10.03.	0	10.03.
2	0	29.03.	21	21	29.03.	0	29.03.
13	0	18.03.	10	10	18.03.	0	18.03.
24	30	05.04.	28	29	07.03.	30	06.04.
5	0	26.03.	18	18	26.03.	0	26.03.
16	0	15.03.	7	7	15.03.	0	15.03.
27	30	03.04.	26	26	04.03.	30	03.04.
8	0	23.03.	15	15	23.03.	0	23.03.
19	30	12.03.	4	4	12.03.	0	12.03.
0	0	31.03.	23	23	31.03.	0	31.03.
11	0	20.03.	12	12	20.03.	0	20.03.
22	30	09.03.	1	1	09.03.	0	09.03.
3	0	28.03.	20	20	28.03.	0	28.03.
14	0	17.03.	9	9	17.03.	0	17.03.
25	30	05.04.	28	28	06.03.	30	05.04.
6	0	25.03.	17	17	25.03.	0	25.03.
17	0	14.03.	6	6	14.03.	0	14.03.
28	30	02.04.	25	25	03.03.	30	02.04.
9	0	22.03.	14	14	22.03.	0	22.03.
20	30	11.03.	3	3	11.03.	0	11.03.
1	0	30.03.	22	22	30.03.	0	30.03.
12	0	19.03.	11	11	19.03.	0	19.03.

Einrichtung: Indizierte große Buchstaben bedeuten den Wert der gleichnamigen Spalte in der indizierten Zeile.

Spalte A: Jahresepakte des Sonnenjahrs.

Spalte B: Anzahl der Mondschalttage im Sonnenjahr.

Spalte C: Osterneulicht laut Tafel 14.1

Spalte D: Abstand des Osterneulichts der Spalte C vom 8. März.

Spalte E:

$$E_1 = 0,$$
$$E_{n+1} = (E_n + 19) \bmod 30.$$

Spalte F:

$$F_1 = C_1,$$
$$F_{n+1} = F_n + (B_n - 11) \bmod 30.$$

Spalte H: $\quad H_n = F_n + G_n$

Tafel 14.2: Die Osterlunationen des Gregorianischen Epaktenzyklus.

so ist

$$D(y) = (M(y) + 19 \cdot (y \bmod 19)) \bmod 30$$
$$= (15 + s(y) - m(y) + 19 \cdot (y \bmod 19)) \bmod 30,$$

abgesehen von zwei Sonderfällen, Bachsche Korrektur genannt:

1. *Die späteste Ostergrenze* $D(y) = 29$, *der 19. April, wird regelmäßig in den 18. April umgeändert.*

2. *Die davor liegende Ostergrenze* $D(y) = 28$, *der 18. April, wird in den 17. April umgeändert, wenn die goldene Zahl größer 11 ist.* $\qquad\square$

Beweis. Betrachten wir Tafel 14.2. Scharfes Hinsehen läßt uns die *Bach*sche Regel ablesen, wenn man zugleich die Epaktenverschiebungsregel 14.1 im Sinn oder Tafel 14.1 auf der vorherigen Seite im Auge behält. $\qquad\square$

Die Gleichung (14.2) impliziert, daß in 19 Sonnenjahre des Gregorianischen Epaktenzyklus 235 Lunationen passen, wenn man lediglich die Längen gemessen in Tagen berücksichtigt; das folgende Theorem verschärft diese Aussage und drückt aus, daß ein 19-jährigen Zyklus des immerwährenden Gregorianischen Neulichtkalenders mit dem *Meton*ischen Zyklus in dem Sinne verträglich ist, daß in ihn 235 Neumondtage fallen, wie es intuitiv erwartet wird.

14.4 Theorem (Invarianz der Neulichtanzahl). *Sei* $I_y := [y, y + 18] \cap \mathbb{Z}$ *ein Intervall von 19 aufeinander folgenden Jahreszahlen des Gregorianischen Kalenders, wobei für* $y \in \mathbb{N}$ *gilt* $y \bmod 19 = 0$.

Ändert sich die durch die Sonnen- und die Mondgleichung bewirkte Epaktenverschiebung im Laufe des Intervalls nicht, d.h. gilt

$$|\{(8 - \mathrm{s}(i) + \mathrm{m}(i)) \bmod 30 \mid i \in [y, y + 18] \cap \mathbb{Z}\}| = 1,$$

so fallen 235 Neumonde in das Jahresintervall I_y.

Beweis. Die Behauptung wird auf den regulären Epaktenzyklus zurückgeführt, da

- die Mondneujahrstage des regulären Zyklus im Gregorianischen erhalten bleiben,

- die 1. Bestimmung der Epaktenverschiebungsregel 14.1 die Zahl der Neumondtage nicht ändert,

- sondern lediglich deren 2. Bestimmung genau ein Neulicht hinzufügt.

In allen Datumsangaben dieses Beweises werden die Jahre durch die Lilianischen Epakten bezeichnet. Wir numerieren die Mondjahre wie im regulären Epaktenzyklus und betrachten die Mondjahre $1, 2, \ldots, 60$, d.h. wir rollen den Zyklus auf der Zeitachse ab und untersuchen das Zusammenspiel von Sonnen- und Mondjahren, indem wir unterscheiden, welche Lilianische Epakte $\mathrm{E_L}(y)$ das den Zyklus eröffnende Jahr y hat.

1. Fall $\mathrm{E_L}(y) = 0$. Das Sonnenjahr $y + 18$, das letzte des Intervalls, hat die Epakte

$$\mathrm{E_L}(y + 18) = (11 \cdot 18) \bmod 30 = 18,$$

die 2. Bestimmung der Regel 14.1 wirkt nicht, die Neumondanzahlen der Mondjahre sind wie im regulären Epaktenzyklus. Nach Satz 17.2 sind von den Mondjahren $1, \ldots, 19$ genau 6 Schaltjahre; sie umfassen also $19 \cdot 354 + 6 \cdot 30 = 6906$ Tage und enthalten $19 \cdot 12 + 6 = 234$ Neumonde. Das am 01.01.00 beginnende Intervall I_y von 19 Sonnenjahren umfaßt $10 \cdot 365 = 6935$ Tage, ragt also 29 Tage über das genannte Mondjahresintervall hinaus und enthält damit genau $234 + 1 = 235$ Neumonde.

2. Fall $\varepsilon = \mathrm{E_L}(y) \in [2, 29] \cap \mathbb{Z}$. Das Mondjahr, in welches der Neujahrstag 01.01.ε fällt, beginnt ε Tage zuvor und das nämliche Mondjahr hat sicher eine Nummer $j \in [2, 30] \cap \mathbb{Z}$, womit nach Satz 17.2 unter den 19 Mondjahren $j, \ldots, j + 18$ des regulären Epaktenzyklus genau 7 Schaltjahre vorkommen, und diese Mondjahre enthalten $19 \cdot 12 + 7 = 228 + 7 = 235$ Schaltjahre und bestehen aus $19 \cdot 354 + 7 \cdot 30 = 6936$ Tagen, also einem mehr, als das Sonnenjahrintervall I_y.

Ist $\varepsilon = 1$, so hat das Sonnenjahr $y + 18$ die Epakte

$$E_L(y + 18) = (1 + 11 \cdot 18) \bmod 30 = 19,$$

es ist folglich die 2. Bestimmung der Regel 14.1 anzuwenden. Die betrachteten Mond- und Sonnenjahrintervalle enden am gleichen Tag und das erste Neulicht des Mondjahrintervalls, welches nicht zu I_y gehört, wird dann gemäß der genannten Bestimmung ausgeglichen, mithin fallen in das Intervall I_y genau 235 Neumonde, wie gefordert.

Ist $\varepsilon > 1$, so hat das Sonnenjahr $y + 18$ weder die Epakte 18 noch die Epakte 19, es geht also alles wie im regulären Epaktenzyklus zu. Jetzt endet das Sonnenjahr $y + 18$ nach dem Mondjahr $j + 18$, und zwar höchstens 28 Tage später. Das 1. Neulicht der relevanten Mondjahre fällt nicht in das Intervall I_y, stattdessen aber das Mondneujahr des Mondjahrs $j + 19$, so daß I_y erneut genau 235 Neumonde enthält, und es ist alles bewiesen. □

Fraenkel stellt in [5] auf den S. 145f. seine Osterformel für den Gregorianischen Kalender dar, behält sich ihre Ableitung aber für später vor; ob er diese Absicht verwirklicht hat, wurde nicht ergründet und daher kann hier nicht gesagt werden, ob *Fraenkel* den IGNK in seinen Überlegungen berücksichtigt hat, wenn er meint, es gebe jetzt 19 verschiedene Modi zum Einschalten von Mondmonaten, statt des einen bisherigen Modus. Ebenso vertritt er die Meinung, es seien 30 Epochen notwendig, die Zählung der Mondjahre zu beginnen. Wir können diese Ansichten nicht teilen; wenn *Fraenkel* a.a.O. auf S. 146 schreibt, die beiden Ausnahmefälle von *Gauß*, also die beiden Korrekturbestimmungen der *Bach*schen Ostergrenzenregel 8.6, die dem Ostergrenzensatz 14.3 äquivalent ist, seien »willkürliche, das System durchbrechende Festsetzungen«, so kann hier nur konstatiert werden: zwar wird tatsächlich das System durchbrochen, aber nicht willkürlich, sondern um die Tradition zu wahren.

14.2 Gilt die Epaktenzyklusbilanzgleichung zufällig?

Auf Seite 42 wurde die Näherung erwähnt, die der islamische Kalender, der allein freie Mondjahre kennt, benutzt; Tafel 14.3 erläutert sie. Gleichzeitig wurde angemerkt, die darin enthaltende Näherung der Umlaufdauer des Mondes spiele im christlichen Lunisolarkalender keine Rolle, da hier zwar Tage in die Solarjahre eingeschaltet werden, in die gebundenen Mondjahre hingegen ganze Mondmonate, sprich Lunationen.

Da weiter oben dreißig verschiedene Epaktenwerte zugelassen wurden, ergaben sich die Längen der beiden Epaktenzyklen von je dreißig Mondjahren: es ist aber kein Zufall, daß die Epaktenzyklusbilanzgleichung (5.8) gilt, sie folgt aus der Konstruktion der Zyklen und des christlichen Lunisolarkalenders.

$$354,36708 = 354 + \cfrac{1}{2 + \cfrac{1}{1 + \cfrac{1}{2 + \cfrac{1}{1 + \cfrac{1}{1 + \cfrac{1}{1 + \cfrac{1}{2 + \cfrac{1}{23 + \cfrac{1}{1 + \cfrac{1}{6 + \cfrac{1}{1 + \cfrac{1}{2 + \cfrac{1}{11}}}}}}}}}}}}}$$

k	x_k	p_k	q_k
0	354	354	1
1	2	709	2
2	1	1063	3
3	2	2835	8
4	1	3898	11
5	1	6733	19
6	1	10631	30
7	2	27995	79
8	23	654516	1847
9	1	682511	1926
10	6	4749582	13403
11	1	5432093	15329
12	2	15613768	44061
13	11	177183541	500000

Das 354,36708D dauernde synodische Mondjahr wird in einen Kettenbruch entwickelt; die links stehende Tabelle gibt neben den Variablen x_k der Kettenbruchentwicklung auch die Zähler p_k und Nenner q_k der Näherungsbrüche an.

Der Näherungsbruch zu $k = 6$, nämlich

$$\frac{10631}{30} = 354\frac{11}{30},$$

schaltet 11 Tage in 30 Jahren ein und wird im islamischen Kalender verwandt, der nur freie Mondjahre kennt.

Tafel 14.3: Das freie Mondjahr

Diese Notwendigkeit aufzuzeigen fragen wir:

Gibt es eine positive ganze Zahl $y \in \mathbb{N}$ derart, daß die ersten y Sonnenjahre à 365D die gleiche Zahl von Tagen enthalten wie die ersten y Mondjahre, wobei die Schaltjahre unter den letzteren zu berücksichtigen sind?

Wir suchen, mathematisch formuliert, nach einer positiven ganzzahligen Lösung y der Gleichung

$$(14.5) \qquad\qquad 354y + 30 \left\lfloor \frac{11y}{30} \right\rfloor = 365y,$$

wie man sofort aus Gleichung (16.16.i) schließt; mittels

$$30 \left\lfloor \frac{11y}{30} \right\rfloor = 11y - (11y) \bmod 30$$

formen wir (14.5) um:

$$354y + 11y - (11y) \bmod 30 = 365y,$$
$$(11y) \bmod 30 = 354y + 11y - 365y = 0.$$

Wegen (B.5) ist damit $y = 30$ die kleinste positive Lösung der Gleichung (14.5).

Teil IV

Das mathematische Rüstzeug

15 Zahlentheoretische Hilfsmittel

15.1 Der Euklidische Algorithmus

Die Ausführungen dieses Abschnitts sind grundlegend für das Verstehen der mathematischen Teile des Buchs; sie werden vielfach stillschweigend angewandt.

15.1 Satz (Satz über die ganzzahlige Division oder den Euklidischen Algorithmus). *Es seien a, $b \in \mathbb{Z}$ mit $b > 0$. Dann gibt es eindeutig bestimmte Zahlen $q \in \mathbb{Z}$ und $r \in \mathbb{Z}$ mit $a = qb + r$ und $0 \leq r < y$.*

Beweis. Existenz. Wir zeigen die Behauptung zunächst für $a \in \mathbb{N}$ und zwar mittels des Prinzips der kleinsten Zahl. [1] Falls $a < b$ ist, setze man $q := 0$, $r := a$; ist $a = b$, so wähle man $q := 1$ und $r := 0$.

Sei also $a > b$. Dann ist $\mathbb{N} \ni 0 < a - b < a$ und es gibt nach Voraussetzung $q', r' \in \mathbb{Z}$ mit $a - b = q'b + r'$ und $0 \leq r' < b$. Wir erhalten $a = (q' + 1)b + r'$ und setzen $q := q' + 1$ und $r := r'$.

Um den allgemeinen Fall zu zeigen, sei jetzt $a < 0$. Dann ist $-a > 0$ und es gibt nach dem bereits Bewiesenen $q', r' \in \mathbb{Z}$ mit $-a = q'b + r'$ und $0 \leq r' < b$. Wir erhalten $a = -q'b + (-r')$. Ist $r' = 0$, so setze man $q := q'$, $r := r'$. Anderenfalls schließe man $a = (-q' - 1)b + (b - r')$ und setze $q := -(q' + 1)$ sowie $r := b - r'$. Damit ist die Existenz vollständig bewiesen.

Eindeutigkeit. Seien also q, $q' \in \mathbb{Z}$ und r, $r' \in \mathbb{Z}$ mit

$$a = qb + r, \quad 0 \leq r < b \qquad \text{sowie} \qquad a = q'b + r', \quad 0 \leq r' < b.$$

Dann ist $r - r' = (q' - q)b$, mithin $q' - q = \frac{r - r'}{b} \in \mathbb{Z}$. Andererseits gelten die Ungleichungen

$$
\begin{array}{rcccl}
0 & \leq & r & < & b, \\
0 & \leq & r' & < & b, \\
-b < -r' & \leq & r - r' & < & b - r' \leq b, \\
-b & < & r - r' & < & b
\end{array}
$$

und schließlich

$$-1 < \frac{r - r'}{b} < 1.$$

Damit ist $q' - q = 0$, also $q = q'$, und endlich $r = r'$, mithin ist alles bewiesen. $\square$

---

[1] Jede nichtleere Menge natürlicher Zahlen hat ein kleinstes Element.

15.2 Korollar. *Zur jedem $\frac{a}{b} \in \mathbb{Q}$ gibt es eine größte ganze Zahl $n \in \mathbb{Z}$ mit $n \leq \frac{a}{b}$, sowie eine kleinste ganze Zahl $m \in \mathbb{Z}$ mit $\frac{a}{b} \leq m$.*

Beweis. Sei $\frac{a}{b} \in \mathbb{Q}$ gegeben. Wir können zusätzlich $b > 0$ voraussetzen, da $\frac{a}{b} = \frac{-a}{-b}$. Nach Satz 15.1 gibt es eindeutig bestimmte $q, r \in \mathbb{Z}$ mit $a = qb + r$ mit $0 \leq r < b$, also $\frac{a}{b} = q + \frac{r}{b}$ mit $0 \leq \frac{r}{b} < 1$.

Dann ist $q \leq q + \frac{r}{b} = \frac{a}{b} < q + 1$, d.h. q ist die gesuchte größte Zahl; ist $r = 0$, so ist q auch die gesuchte kleinste; anderenfalls ist sogar $q < q + \frac{r}{b} = \frac{a}{b} < q + 1$ und damit $q + 1$ die gesuchte kleinste Zahl. □

Obgleich in unseren kalendarischen Untersuchungen allein rationale Zahlen vorkommen, erwähnen wir, daß sich das obige Korollar auch für reelle Zahlen beweisen läßt: Die erweiterte Formulierung folgt aus der archimedischen Ordnung[2] des Körpers $\mathbb{R}$ der reellen Zahlen, die in jedem Analysislehrbuch gezeigt wird; in [27] wird gezeigt, daß $\mathbb{Q}$ archimedisch geordnet ist, bevor die reellen Zahlen aus den rationalen konstruiert werden und dann bewiesen wird, daß auch $\mathbb{R}$ archimedisch geordnet ist.

15.3 Definition. Für $x \in \mathbb{R}$ definieren wir

$$\lfloor x \rfloor = \max \{n \mid n \in \mathbb{Z}, n \leq x\}$$

und

$$\lceil x \rceil = \min \{n \mid n \in \mathbb{Z}, x \leq n\} \, ;$$

$\lfloor x \rfloor$ heißt der ganzzahlige Anteil von x oder auf englisch *floor* von x, hingegen hat $\lceil x \rceil$ keinen deutschen Namen und heißt auf englisch *ceiling* von x. Statt $\lfloor x \rfloor$ ist auch $[x]$ üblich; beide eckigen Klammern heißen in diesem Zusammenhang nach ihrem Erfinder *Gauß*-Klammern; die Klammerpaare $\lfloor \cdot \rfloor$ und $\lceil \cdot \rceil$ wurden von *Iverson* eingeführt, wie es in [13], 3.1 heißt.

Für das spätere Rechnen mit Schaltjahren geben wir eine allgemeine Definition des mod-Operators für reelle Zahlen. Seien x, x_1, x_2, $y \in \mathbb{R}$ mit $y \neq 0$. Dann definieren wir

$$x \bmod y := x - y \left\lfloor \frac{x}{y} \right\rfloor .$$

$x \bmod y$ gibt den Rest der Division von x durch y an, auch wenn y negativ ist. Um Klammern sparen zu können, legen wir die Priorität des mod-Operators zwischen die der Addition und Subtraktion einerseits und der Multiplikation andererseits.

Ferner definieren wir die zahlentheoretische Kongruenzrelation durch

$$x_1 \equiv x_2 \pmod{y} \iff x_1 \bmod y = x_2 \bmod y.$$

Die ganzzahlige Division ist die Funktion

$$/ : \mathbb{R} \times (\mathbb{R} \setminus \{0\}) \to \mathbb{R}, \quad (a, b) \mapsto \left\lfloor \frac{a}{b} \right\rfloor . \quad \square$$

---

[2]Archimedisch geordnet heißt eine die ganzen Zahlen umfassende geordnete Menge, wenn es zu jedem Element ein größere ganze Zahl gibt (vgl. [27], S. 92).

15.4 Lemma. *Es seien* $x, y \in \mathbb{R}$ *mit* $y \neq 0$. *Dann gilt*

(15.4.i)   *Wenn* $y > 0$, *so ist* $0 \leq (x \bmod y) < y$.

(15.4.ii)   *Für* $y \neq 0, z \neq 0$ *gilt* $a = (x \bmod y) \Leftrightarrow az = (xz \bmod yz)$.

(15.4.iii) $x - (x \bmod y) \in \mathbb{Z}y$.

Beweis. zu (15.4.i). Aus der Definition der *Gauß*-Klammer schließen wir auf

$$\left\lfloor \frac{x}{y} \right\rfloor \leq \frac{x}{y} < \left\lfloor \frac{x}{y} \right\rfloor + 1 \text{ und da } y > 0 \text{ folgt}$$

$$y \left\lfloor \frac{x}{y} \right\rfloor \leq x < y \left\lfloor \frac{x}{y} \right\rfloor + y \text{ und schließlich}$$

$$0 \leq x - y \left\lfloor \frac{x}{y} \right\rfloor < y.$$

zu (15.4.ii). Offensichtlich ist die Gleichung $a = x - y \left\lfloor \frac{x}{y} \right\rfloor$ äquivalent zu $az = xz - yz \left\lfloor \frac{xz}{yz} \right\rfloor$.

zu (15.4.iii). $x - (x \bmod y) = x - (x - y \left\lfloor \frac{x}{y} \right\rfloor) = y \left\lfloor \frac{x}{y} \right\rfloor \in \mathbb{Z}y$. $\square$

15.5 Satz (Allgemeiner Euklidischer Algorithmus). *Es seien* $x, y \in \mathbb{R}$ *mit* $y > 0$. *Dann gibt es eindeutig bestimmte* $q \in \mathbb{Z}$ *und* $r \in \mathbb{R}$ *mit* $x = qy + r$ *und* $0 \leq r < y$; *genauer gilt* $q = \left\lfloor \frac{x}{y} \right\rfloor$ *und* $r = (x \bmod y)$. *Sind* x *und* y *zusätzlich ganzzahlig, so ist auch* r *ganzzahlig.*

Beweis. Die Existenzaussage ist Definition des mod -Operators zusammen mit (15.4.i); analysiert man im Beweis des Satzes 15.1 den den Eindeutigkeit zeigenden Teil, so erkennt man sofort, daß man ihn *mutatis mutandis* auf reelle Zahlen übertragen kann. $\square$

15.6 Korollar. *Es seien* $x, y \in \mathbb{R}$ *mit* $y > 0$ *und* $(x \bmod y) > 0$. *Dann gilt*

$$(-x) \bmod y = y - (x \bmod y).$$

Beweis. Nach Definition des mod-Operators, (15.4.i) und Voraussetzung ist

$$x = y \left\lfloor \frac{x}{y} \right\rfloor + (x \bmod y) \text{ mit } 0 < x \bmod y < y$$

und damit

$$-x = y \left(- \left\lfloor \frac{x}{y} \right\rfloor \right) - (x \bmod y)$$

$$= y \left(- \left\lfloor \frac{x}{y} \right\rfloor - 1 \right) + (y - (x \bmod y)).$$

Es ist $-\left\lfloor\frac{x}{y}\right\rfloor - 1 \in \mathbb{Z}$ und wir schätzen $(y - (x \bmod y))$ ab:

$$
\begin{array}{ccccc}
0 & < & x \bmod y & < & y, \\
-y & < & -(x \bmod y) & < & 0, \\
0 & < & y - (x \bmod y) & < & y.
\end{array}
$$

Da andererseits $-x = y\left\lfloor\frac{-x}{y}\right\rfloor + (-x \bmod y)$ ist, folgt aus der Eindeutigkeit des allgemeinen Euklidischen Algorithmus 15.5

$$
\left\lfloor\frac{-x}{y}\right\rfloor = -\left(\left\lfloor\frac{x}{y}\right\rfloor + 1\right) \quad \text{und} \quad (-x) \bmod y = y - (x \bmod y). \qquad \square
$$

15.7 Bemerkung. Obiges Korollar gilt nicht für $(x \bmod y) = 0$, wie das Gegenbeispiel $x = 7$ und $y = 3,5$ zeigt. Dann ist nämlich

$$
x \bmod y = 7 - 3,5 \left\lfloor\frac{7}{3,5}\right\rfloor = 7 - 3,5 \cdot \lfloor 2 \rfloor = 7 - 3,5 \cdot 2 = 0
$$

und

$$
y - (x \bmod y) = 3,5 - 0 = 3,5.
$$

Andererseits ist

$$
(-x) \bmod y = -7 - 3,5 \left\lfloor\frac{-7}{3,5}\right\rfloor = (-7) - 3,5 \lfloor -2 \rfloor
$$

$$
= -7 - 3,5 \cdot (-2) = -7 + 7 = 0.
$$

In [28] wird auf S. 20 fälschlich die Gültigkeit des Korollars 15.6 ohne die einschränkende Voraussetzung $(x \bmod y) > 0$ behauptet. $\qquad \square$

15.8 Korollar. *Für $x, y, z \in \mathbb{R}$ und $n \in \mathbb{Z}$ mit $y > 0$ gilt*

(15.8.i) $\qquad\qquad (x + ny) \bmod y = x \bmod y$

und

(15.8.ii) $\qquad\qquad ((x \bmod y) + z) \bmod y = (x + y) \bmod y.$

Beweis. zu (15.8.i). Es ist

(15.8.$\star$) $\qquad\qquad x = \left\lfloor\frac{x}{y}\right\rfloor y + (x \bmod y)$

und

$$
x + ny = \left\lfloor\frac{x + ny}{y}\right\rfloor + ((x + ny) \bmod y)
$$

nach 15.5. Aus (15.8.$\star$) erhalten wir

$$
x + ny = \left\lfloor\frac{x}{y}\right\rfloor y + ny + (x \bmod y) = \left(\left\lfloor\frac{x}{y}\right\rfloor + n\right) y + (x \bmod y),
$$

also ist $x \bmod y = (x + ny) \bmod y$ wegen der Eindeutigkeit des allgemeinen Euklidischen Algorithmus.

zu (15.8.ii). Es ist $(x \bmod y) + z = x - \left\lfloor \frac{x}{y} \right\rfloor y + z = (x + z) - \left\lfloor \frac{x}{y} \right\rfloor y$, also $(x \bmod y) + z \equiv x + z \pmod{y}$, woraus die Behauptung sofort folgt. $\square$

15.9 Korollar. *Seien* $x_i \in \mathbb{R}$ *für* $i = 1, 2$ *und auch* $y \in \mathbb{R}$ *mit* $y > 0$. *Dann gilt*

$$(x_1 + x_2) \bmod y = ((x_1 \bmod y) + (x_2 \bmod y)) \bmod y.$$

Beweis. Es ist

$$x_i = y \left\lfloor \frac{x_i}{y} \right\rfloor + (x_i \bmod y) \ \text{ für } i = 1, 2,$$

mithin

$$x_1 + x_2 = y \left(\left\lfloor \frac{x_1}{y} \right\rfloor + \left\lfloor \frac{x_2}{y} \right\rfloor \right) + \underbrace{((x_1 \bmod y) + (x_2 \bmod y))}_{c}$$

$$= y \left(\left\lfloor \frac{x_1}{y} \right\rfloor + \left\lfloor \frac{x_2}{y} \right\rfloor + \left\lfloor \frac{c}{y} \right\rfloor \right)$$

$$+ ((x_1 \bmod y) + (x_2 \bmod y)) \bmod y,$$

so daß aus Satz 15.5 die Behauptung folgt. $\square$

15.10 Satz. *Seien* $x_1, x_2, x_3, y \in \mathbb{R}$ *mit* $y \neq 0$. *Dann ist*

(15.10.i) $x_1 \equiv x_2 \pmod{y}$ *genau dann,*
   wenn es ein $n \in \mathbb{Z}$ *gibt mit* $x_1 - x_2 = ny$.

(15.10.ii) $x_1 \equiv x_1 \pmod{y}$

(15.10.iii)   *Wenn* $x_1 \equiv x_2 \pmod{y}$, *so* $x_2 \equiv x_1 \pmod{y}$.

(15.10.iv)   *Wenn* $x_1 \equiv x_2 \pmod{y}$ *und* $x_2 \equiv x_3 \pmod{y}$,
   so $x_1 \equiv x_3 \pmod{y}$.

Beweis. zu (15.10.i). „$\Rightarrow$ " Man setze $n = \left\lfloor \frac{x_1}{y} \right\rfloor - \left\lfloor \frac{x_2}{y} \right\rfloor$

„$\Leftarrow$ " Es ist $x_1 = \left(\left\lfloor \frac{x_2}{y} \right\rfloor + n \right) y + x_2 \bmod y$ und 15.5 liefert die Behauptung.

zu (15.10.ii) *bis* (15.10.iv). Folgen sofort aus den Definitionen. $\square$

15.11 Lemma. *Seien* a, b, c, d, m, n, r *und* $s \in \mathbb{Z}$ *mit* $m \neq 0$.

(15.11.i)   *Wenn* $a \equiv b$ *und* $c \equiv d$, *so* $a \pm c \equiv b \pm d$ *und* $ac \equiv bd \pmod{m}$.

(15.11.ii)   *Wenn* $ac \equiv bd$, $a \equiv b$ *und* $\mathrm{ggT}(a, m) = 1$, *so* $c \equiv d \pmod{m}$.

(15.11.iii)   *Wenn* $n \neq 0$, *so ist*
   $a \equiv b \pmod{m}$ *genau dann, wenn* $an \equiv bn \pmod{mn}$.

(15.11.iv)   *Wenn* $\mathrm{ggT}(r, s) = 1$, *so* $a \equiv b \pmod{rs}$ *genau dann,*
   wenn $a \equiv b \pmod{r}$ *und* $a \equiv b \pmod{s}$.

Beweis. zu (15.11.i). Folgt sofort aus den Definitionen.

zu (15.11.ii). Sind etwa n, $n' \in \mathbb{Z}$ mit $a = b + nm$ und $ac = bd + n'm$, so ist $a(c - d) = (n' - nd)m$. Jede ganze Zahl ist eindeutig in Primfaktoren zerlegbar. Da $\mathrm{ggT}(a, m) = 1$, ist somit a Teiler von $n' - nd$, es gibt also $n'' \in \mathbb{Z}$ mit $a(c - d) = n''am$, mithin $c - d = n''m$.

zu (15.11.iii) Man wende die Definitionen an.

zu (15.11.iv) „$\Rightarrow$ " Folgt sofort aus den Definitionen.

„$\Leftarrow$ " Seien etwa n, $n' \in \mathbb{Z}$ mit $b + nr = a = b + n's$. Dann ist $nr = n's$, mithin r Teiler von n' und es gibt $n'' \in \mathbb{Z}$ mit $n' = n''r$ und schließlich $a = b + n''rs$. □

15.2 Die Funktionen $\lfloor \cdot \rfloor$ und $\lceil \cdot \rceil$ näher untersucht

15.12 Lemma (Ceiling-Floor-Lemma)*. Seien x, $y \in \mathbb{R}$ und n, $m \in \mathbb{Z}$ gegeben. Dann gilt*

$$(15.12.\text{i}) \qquad \lfloor x \rfloor = n \iff n \leq x < n + 1$$

$$(15.12.\text{ii}) \qquad \lfloor x \rfloor = n \iff x - 1 < n \leq x$$

$$(15.12.\text{iii}) \qquad \lceil x \rceil = n \iff n - 1 < x \leq n$$

$$(15.12.\text{iv}) \qquad \lceil x \rceil = n \iff x \leq n < x + 1$$

$$(15.12.\text{v}) \qquad x < n \iff \lfloor x \rfloor < n$$

$$(15.12.\text{vi}) \qquad n < x \iff n < \lceil x \rceil$$

$$(15.12.\text{vii}) \qquad x \leq n \iff \lceil x \rceil \leq n$$

$$(15.12.\text{viii}) \qquad n \leq x \iff n \leq \lfloor x \rfloor$$

$$(15.12.\text{ix}) \qquad \lfloor x \rfloor \leq n \iff x - 1 < n$$

$$(15.12.\text{x}) \qquad n < \lfloor x \rfloor \iff n \leq x - 1$$

$$(15.12.\text{xi}) \qquad \lfloor x + y \rfloor = \lfloor x \rfloor + \lfloor y \rfloor + \lfloor x \bmod 1 + y \bmod 1 \rfloor$$

$$(15.12.\text{xii}) \qquad \lfloor x \rfloor = \lfloor y \rfloor \iff \lfloor x - y \rfloor + \lfloor y \bmod 1 + (x - y) \bmod 1 \rfloor = 0$$

$$(15.12.\text{xiii}) \qquad n > 0 \implies \left\lceil \frac{m}{n} \right\rceil = \left\lfloor \frac{m + n - 1}{n} \right\rfloor.$$

$$(15.12.\text{xiv}) \qquad n, m > 0 \implies \left\lfloor \frac{x}{nm} \right\rfloor = \left\lfloor \frac{\left\lfloor \frac{x}{n} \right\rfloor}{m} \right\rfloor$$

$$(15.12.\text{xv}) \qquad m > 0 \implies n = \left\lfloor \frac{n}{m} \right\rfloor + \left\lfloor \frac{(m - 1)(n + 1)}{m} \right\rfloor.$$

Beweis. zu (15.12.i). Die Behauptung ist folgt sofort aus der Definition der Funktion $\lfloor \cdot \rfloor$.

zu (15.12.ii). Die Aussagen der folgenden Zeilen sind äquivalent.

$$\lfloor x \rfloor = n$$
$$n \leq x < n + 1$$

$$x - 1 < n \le x.$$

zu (15.12.iii). Die Behauptung ist folgt sofort aus der Definition der Funktion $\lceil \cdot \rceil$.

zu (15.12.iv). Die Aussagen der folgenden Zeilen sind äquivalent.

$$\lceil x \rceil = n$$
$$n - 1 < x \le n$$
$$x \le n < x + 1.$$

zu (15.12.v). „$\Rightarrow$ " Es ist $\lfloor x \rfloor \le x < n$.

„$\Leftarrow$ " Aus $\lfloor x \rfloor < n$ folgt $x < \lfloor x \rfloor + 1 < n + 1$, also auch $x - 1 < \lfloor x \rfloor < n$ und schließlich $x \le \lfloor x \rfloor < n$.

zu (15.12.vi). „$\Rightarrow$ " $n < x \le \lceil x \rceil$.

„$\Leftarrow$ " Aus $n < \lceil x \rceil$ folgt $n - 1 < \lceil x \rceil - 1 < x$, so daß $n \le \lceil x \rceil - 1 < x$ gilt.

zu (15.12.vii). Es ist $\lceil x \rceil - 1 < x \le n$, damit auch $\lceil x \rceil - 1 < n$ und schließlich $\lceil x \rceil \le n$.

„$\Leftarrow$ " Es ist $x \le \lceil x \rceil \le n$.

zu (15.12.viii). „$\Rightarrow$ " Es ist $n \le x < \lfloor x \rfloor + 1$, also $n < \lfloor x \rfloor + 1$ und schließlich $n \le \lfloor x \rfloor$.

„$\Leftarrow$ " $n \le \lfloor x \rfloor \le x$.

zu (15.12.ix). „$\Rightarrow$ " Es ist $x - 1 < \lfloor x \rfloor \le n$.

„$\Leftarrow$ " Es ist $\lfloor x \rfloor - 1 \le x - 1 < n$, mithin $\lfloor x \rfloor - 1 < n$ und schließlich $\lfloor x \rfloor \le n$.

zu (15.12.x). „$\Rightarrow$ " Es ist $n < \lfloor x \rfloor \le x$, also auch $n \le x - 1$.

„$\Leftarrow$ " Es ist $n \le x - 1 < \lfloor x \rfloor$.

zu (15.12.xi). Es gelten die Gleichungen:

$$x = \lfloor x \rfloor + x \bmod 1 \text{ und } y = \lfloor y \rfloor + y \bmod 1,$$

also

$$x \bmod 1 + y \bmod 1 = x + y - \lfloor x \rfloor - \lfloor y \rfloor,$$

schließlich, da man ganze Zahlen herausziehen kann,

$$\lfloor x \bmod 1 + y \bmod 1 \rfloor = \lfloor x + y - \lfloor x \rfloor - \lfloor y \rfloor \rfloor = \lfloor x + y \rfloor - \lfloor x \rfloor - \lfloor y \rfloor$$

und endlich

$$\lfloor x + y \rfloor = \lfloor x \rfloor + \lfloor y \rfloor + \lfloor x \bmod 1 + y \bmod 1 \rfloor.$$

zu (15.12.xii). Aus den Gleichungen

$$\lfloor x \rfloor = \lfloor y + (x - y) \rfloor \underset{(15.12.\text{xi})}{=} \lfloor y \rfloor + \lfloor x - y \rfloor + \lfloor y \bmod 1 + (x - y) \bmod 1 \rfloor$$

folgt sofort die Behauptung.

zu (15.12.xiii). Es sei $m = qn + r$ mit $q, r \in \mathbb{Z}$ und $0 \le r < n$ gemäß dem Euklidischen Algorithmus.

1. Fall $r = 0$. Dann ist $\frac{m}{n} = q \in \mathbb{Z}$, mithin $\left\lceil \frac{m}{n} \right\rceil = q$ und wir folgern weiter $m + n - 1 = qn + n - 1$ und $\frac{m+n-1}{n} = q + \frac{n-1}{n}$. Also ist $q = \left\lfloor \frac{m+n-1}{n} \right\rfloor$, da $0 \leq \frac{n-1}{n} < 1$.

2. Fall $r > 0$. Dann ist $\left\lceil \frac{m}{n} \right\rceil = q + 1 \in \mathbb{Z}$ und wir folgern weiter $m + n - 1 = (q + 1)n + (r - 1)$, also $\frac{m+n-1}{n} = (q + q) + \frac{r-r}{n}$; wegen $0 \leq \frac{r-1}{n} < 1$ ist $\left\lfloor \frac{m+n-1}{n} \right\rfloor = q + 1$ und es ist alles bewiesen.

zu (15.12.xiv). Es gelten die Gleichungen

$$x = \underbrace{\left\lfloor \frac{x}{n} \right\rfloor}_{q} n + r, \qquad\qquad \text{mit } r \in \mathbb{N} \text{ und } 0 \leq r < n$$

$$x = \left\lfloor \frac{x}{nm} \right\rfloor nm + r', \qquad\qquad \text{mit } r' \in \mathbb{N} \text{ und } 0 \leq r' < nm$$

$$q = \left\lfloor \frac{q}{m} \right\rfloor m + r'', \qquad\qquad \text{mit } r'' \in \mathbb{N} \text{ und } 0 \leq r'' < m$$

und damit $x = \left(\left\lfloor \frac{q}{m} \right\rfloor m + r'' \right) n + r = \left\lfloor \frac{q}{m} \right\rfloor nm + (nr'' + r)$. Da $0 \leq nr'' \leq n(m-1)$, also $0 \leq nr'' + r < nm$, sind wir fertig.

zu (15.12.xv). Es ist

$$n = \frac{n}{m} + \frac{m-1}{m}n = \left\lfloor \frac{n}{m} \right\rfloor m + \underbrace{n \bmod m}_{0 \leq \overset{\downarrow}{r} < m}$$

und es folgt

$$\frac{n}{m} = \left\lfloor \frac{n}{m} \right\rfloor + \frac{r}{m}$$

und

$$\frac{m-1}{m}n = (m-1) \left\lfloor \frac{n}{m} \right\rfloor + \frac{m-1}{m}r,$$

mithin

$$\frac{m-1}{m}n + \frac{m-1}{m} = (m-1) \left\lfloor \frac{n}{m} \right\rfloor + \frac{m-1}{m}(r+1),$$

also

$$\left\lfloor \frac{(m-1)(n+1)}{m} \right\rfloor = (m-1) \left\lfloor \frac{n}{m} \right\rfloor + \left\lfloor \frac{m-1}{m}(r+1) \right\rfloor,$$

so daß es reicht zu zeigen

$$r = \left\lfloor \frac{m-1}{m}(r+1) \right\rfloor.$$

Es ist

$$(m-1)r + (m-1) = mr + ((m-1) - r),$$

so daß es abzuschätzen gilt:

$$0 \leq r < m$$

$$-m < -r \le 0$$
$$-1 = (m-1) - m < (m-1) - r \le m - 1 < m$$
$$0 \le (m-1) - r < m,$$

und es ist alles bewiesen. $\qquad\square$

Die folgende Definition findet man in [28], 1.12, S. 36 und in [13], 3.2, S. 77, [3] wo auch Satz 15.14 steht.

15.13 Definition. Sei $\alpha \in R$ eine reelle Zahl. Dann ist die Folge

$$\mathrm{Spec}(\alpha) = (\lfloor n\alpha \rfloor)_{n=1,2,\dots}$$

das Spektrum der reellen Zahl α. $\qquad\square$

15.14 Satz (Spektralsatz). *Sind α, $\beta \in \mathbb{R}$, so gilt*

$$\alpha < \beta \Rightarrow (\forall k \in \mathbb{Z}) \left(m \ge \left\lceil \frac{1}{\beta - \alpha} \right\rceil \Rightarrow \lfloor m\alpha \rfloor < \lfloor m\beta \rfloor \right);$$

das Spektrum einer reellen Zahl ist also eindeutig.

Beweis. Sei also $\alpha < \beta$ vorausgesetzt. Wählt man $m \ge \left\lceil \frac{1}{\beta-\alpha} \right\rceil > 0$, dann gilt

$$1 \le m(\beta - \alpha) = m\beta - m\alpha,$$

also

$$m\alpha + 1 \le m\beta,$$

mithin

$$\lfloor m\alpha \rfloor < \lfloor m\alpha \rfloor + 1 = \lfloor m\alpha + 1 \rfloor \le \lfloor m\beta \rfloor,$$

damit $\lfloor m\alpha \rfloor < \lfloor m\beta \rfloor$ und es ist alles bewiesen. $\qquad\square$

15.15 Satz. *Sind α, $\beta \in \mathbb{R}$ mit $\alpha < \beta$, so gilt $\lceil m\alpha \rceil < \lceil m\beta \rceil$ für alle ganzzahligen $m \ge \left\lceil \frac{1}{\beta-\alpha} \right\rceil$.*

Beweis. Es kann wie im Beweis des vorherigen Satzes argumentiert werden, allein in den beiden letzten Zeilen ist $\lfloor \cdot \rfloor$ durch $\lceil \cdot \rceil$ zu ersetzen. $\qquad\square$

15.16 Satz. *Seien α, $\beta \in \mathbb{R}$ mit $\alpha < \beta$ und $m \in \mathbb{Z}$ mit $m \ge 0$. Ist $m\alpha \in \mathbb{Z}$, so ist $\lceil m\alpha \rceil < \lceil m\beta \rceil$, anderenfalls ist*

$$\lceil m\alpha \rceil = \lceil m\beta \rceil \iff m\beta - m\alpha < 1 - m\alpha \bmod 1.$$

---

[3]Die Definition in dem zweiten Buch lautet geringfügig anders als im ersten, was hier aber unwesentlich ist.

Beweis. Ist $m\alpha \in \mathbb{Z}$, so ist $\lceil m\alpha \rceil = m\alpha < m\beta \leq \lceil m\beta \rceil$; sei also $m\alpha \notin \mathbb{Z}$, d.h. $m\alpha \bmod 1 > 0$. Dann ist

$$\lfloor m\alpha \rfloor < m\alpha = \lfloor m\alpha \rfloor + m\alpha \bmod 1 < \lfloor m\alpha \rfloor + 1,$$

d.h.

(15.16.⋆) $$\lfloor m\alpha \rfloor + 1 = \lceil m\alpha \rceil.$$

Aus $\lfloor m\alpha \rfloor + 1 = \lceil m\beta \rceil$ folgt

$$\lfloor m\alpha \rfloor < m\beta \leq \lfloor m\alpha \rfloor + 1,$$
$$\lfloor m\alpha \rfloor - m\alpha < m\beta - m\alpha \leq \lfloor m\alpha \rfloor - m\alpha + 1,$$
$$m\beta - m\alpha < 1 - m\alpha \bmod 1.$$

Umgekehrt folgt aus $m\beta - m\alpha < 1 - m\alpha \bmod 1$

$$\lfloor m\alpha \rfloor \leq m\alpha < m\beta < \underbrace{m\alpha - m\alpha \bmod 1}_{\lfloor m\alpha \rfloor} + 1$$

und wegen (15.16.⋆) sind wir fertig. $\qquad\square$

15.3 Nichtnegative rationale Zahlen

Dieser Abschnitt dient der Vorbereitung der Mediantenschaltsätze 16.27, 16.28 und 16.29, die es erlauben, unter geeigneten Voraussetzungen die lokale Übereinstimmung von Schaltjahren unterschiedlicher Schaltkonstellationen zu beweisen; Ausgangspunkt ist der abschließende Satz 15.22 dieses Abschnitts.

Wir werden zeigen, daß jeder nichtnegative voll gekürzte Bruch ausgehend von $\frac{0}{1}$ und dem uneigentlichen Bruch $\frac{1}{0}$ durch wiederholtes Anwenden einer einfachen Operation, der Mediantenbildung, die jeweils die Zähler zu Zähler und Nenner zu Nenner addiert, konstruiert und im *Stern-Brocot*-Baum sowie der zugehörigen Zahlenfolge dargestellt werden kann; der uneigentliche Bruch, der als $+\infty$ betrachtet wird, sollte dabei nicht beunruhigen, da es letztlich nur auf den durch ihn bestimmten Spaltenvektor $\binom{1}{0}$ ankommt; unsere Darstellung baut auf [13], Abschnitt 4.5 auf.

Zunächst fällt auf, daß wegen $1 \cdot 1 - 0 \cdot 0 = 1$ die beiden Brüche $\frac{0}{1}$ und $\frac{1}{0}$ voll gekürzt sind: Die Mediante, der durch das Addieren der Zähler und Nenner entstehende Bruch, ist ebenfalls voll gekürzt, wie weiter unten gezeigt werden wird; ebenso liegt die Mediante echt zwischen ihren Eltern – den beiden Brüchen, aus denen sie entstanden ist – und ihre Summe aus Zähler und Nenner ist größer als die entsprechende Summe der beiden Eltern. Es wird sich zeigen, daß man auf diese Weise jeden positiven Quotienten natürlicher Zahlen darstellen kann: Diese Tatsache wurde unabhängig von einander von dem deutschen Mathematiker *Stern* und dem französischen Uhrmacher *Brocot* entdeckt.

Damit lassen sich die positiven voll gekürzten Brüche in einem unendlichen binären Baum, der nach seinen beiden Entdeckern heißt, anordnen: Wurzel ist $\frac{1}{1}$, der linke Teilbaum besteht stets aus allen Brüchen die kleiner und der rechte aus allen Brüchen die größer als die Wurzel sind; Tafel 15.1 zeigt einen Ausschnitt.

15.17 Definition. Die Brüche $\frac{m}{n}$ und $\frac{m'}{n'}$ heißen *Stern-Brocot* benachbart, kurz SB-benachbart, wenn die Nachbarschaftsbedingung $m'n - mn' = 1$ gilt.

Eine Folge von Brüchen, in der unmittelbar aufeinander folgende Glieder SB-benachbart sind, heißt *Stern-Brocot-* oder kurz SB-Folge.

Sind $\frac{m}{n}$ und $\frac{m'}{n'}$ SB-benachbart, so ist $\frac{m+m'}{n+n'}$ ihre Mediante; $\frac{m}{n}$ und $\frac{m'}{n'}$ sind dann die Eltern der Mediante.

Ordnet man die durch Mediantenbildung, ausgehend von $\frac{0}{1}$ und $\frac{1}{0}$, entstehenden Brüche in einem unendlichen binären Baum wie oben beschrieben an, so erhält man den *Stern-Brocot*-Baum. $\qquad\square$

15.18 Satz. *Es seien $\frac{m}{n}$ und $\frac{m'}{n'}$ Quotienten natürlicher Zahlen mit $m'n - mn' = 1$ und damit insbesondere $\mathrm{ggT}(m,n) = 1$, $\mathrm{ggT}(m',n') = 1$, $\frac{m}{n} < \frac{m'}{n'}$, wobei $\frac{m'}{n'}$ der uneigentliche Bruch $\frac{1}{0}$ sein darf. Dann lösen $x = m + m'$ und $y = n + n'$ das lineare Gleichungssystem*

$$(15.18.\mathrm{i}) \qquad \begin{aligned} nx + (-m)y &= 1 \\ (-n')x + m'y &= 1 \end{aligned}$$

eindeutig.

Beweis. Wir rechnen nach, daß $x := m + m'$ und $y := n + n'$ das Gleichungssystem lösen.

$$(15.18.\star) \qquad \left\{ \begin{aligned} xn - my &= (m + m')n - m(n + n') \\ &= mn + m'n - mn - mn' \\ &= m'n - mn' = 1 \end{aligned} \right.$$

und

$$\begin{aligned} m'y - xn' &= m'(n + n') - (m + m')n' \\ &= m'n + m'n' - mn' - m'n' \\ &= m'n' - mn' \\ &= m'n' - (m'n - 1) \qquad\qquad \text{wegen } (15.18.\star) \\ &= 1. \end{aligned}$$

Die Eindeutigkeit der Lösung folgt aus der Determinante

$$\left| \begin{matrix} n & -m \\ -n' & m' \end{matrix} \right| = nm' - (-m)(-n') = m'n - mn' = 1 \neq 0. \qquad\square$$

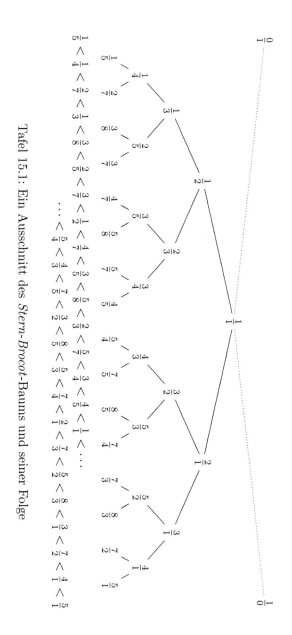

Tafel 15.1: Ein Ausschnitt des *Stern-Brocot*-Baums und seiner Folge

15.19 Korollar. *Es seien $\frac{m}{n}$ und $\frac{m'}{n'}$ Quotienten natürlicher Zahlen mit $m'n - mn' = 1$ und damit insbesondere $\mathrm{ggT}(m,n) = 1$, $\mathrm{ggT}(m',n') = 1$, $\frac{m}{n} < \frac{m'}{n'}$, wobei $\frac{m'}{n'}$ der uneigentliche Bruch $\frac{1}{0}$ sein darf. Dann sind $x = m + m'$ und $y = n + n'$ die eindeutig bestimmten Zahlen mit*

(15.19.i) $$\mathrm{ggT}(x,y) = 1$$

(15.19.ii) $$\frac{m}{n} < \frac{x}{y} < \frac{m'}{n'}$$

(15.19.iii) $$xn - my = 1 = m'y - xn'.$$

Beweis. Die Gleichung (15.19.iii) ist nichts anderes als das anders geschriebenen Gleichungssystem (15.18.i), folgt also sofort aus Satz 15.18; aus (15.19.iii) seinerseits ergeben sich unmittelbar die Aussagen (15.19.i) und (15.19.ii). □

15.20 Lemma. *Es seien $\frac{m}{n}$, $\frac{m'}{n'}$ und $\frac{a}{b}$ Quotienten natürlicher Zahlen mit $m'n - mn' = 1$ sowie $\frac{m}{n} < \frac{a}{b} < \frac{m'}{n'}$. Dann gilt $a + b \geq m + n + m' + n'$.*

Beweis. Es ist

$$0 < \frac{a}{b} - \frac{m}{n}, \qquad\qquad 0 < \frac{m'}{n'} - \frac{a}{b},$$

also

$$1 \leq \frac{a}{b} - \frac{m}{n}, \qquad\qquad 1 \leq \frac{m'}{n'} - \frac{a}{b},$$

und schließlich

$$1 \leq am - bm, \qquad\qquad 1 \leq bm' - an',$$

mithin

$$m' + n' \leq (an - bm)(m' + n'),$$
$$m + n \leq (bm' - an')(m + n),$$

also

$$m + n + m' + n' \leq (bm' - an')(m + n) + (an - bm)(m' + n')$$
$$= bm'm + bm'n - an'm - an'n + anm'$$
$$+ ann' - bmm' - bmn'$$
$$= b(m'n - mn') + a(m'n - mn')$$
$$= a + b. \qquad\qquad\square$$

15.21 Theorem. *Ist $\frac{a}{b} > 0$ ein voll gekürzter Quotient natürlicher Zahlen, so gibt es Quotienten natürlicher Zahlen $\frac{m}{n}$ und $\frac{m'}{n'}$ mit $m'n - mn' = 1$ derart, daß $\frac{a}{b}$ ihre Mediante ist, also $a = m + m'$ und $b = n + n'$ gilt.*

Beweis. Für $\mathbb{N} \ni n \geq 1$ sind offensichtlich $\frac{n-1}{1} < \frac{n}{1} < \frac{1}{0}$ und $\frac{0}{1} < \frac{1}{n} < \frac{1}{n-1}$ *Stern-Brocot*-Folgen: damit gilt die Behauptung für alle positiven natürlichen Zahlen und deren Kehrwerte; wir setzen daher ab sofort zusätzlich voraus, daß $\frac{a}{b}$ nicht zu diesen Zahlen gehört.

Wir führen den weiteren Beweis indirekt, wir nehmen also an, $\frac{a}{b}$ sei keine Mediante benachbarter Brüche. [4] Da der Körper der rationalen Zahlen $\mathbb{Q}$ archimedisch angeordnet ist (vgl. die Fußnote auf S. 122), gibt es genau eine natürliche Zahl $n \in \mathbb{N}$ derart, daß entweder $\frac{n-1}{1} < \frac{a}{b} < \frac{n}{1}$ oder $\frac{1}{n+1} < \frac{a}{b} < \frac{1}{n}$ gilt, die Menge

$$M = \left\{ \left(\tfrac{m}{n}, \tfrac{m'}{n'}\right) \mid m, n, m', n' \in \mathbb{N}, m'n - mn' = 1, \tfrac{m}{n} < \tfrac{a}{b} < \tfrac{m'}{n'} \right\}$$

ist also nichtleer und hat auf Grund unserer Annahme sogar unendlich viele Elemente, da jede Mediante echt zwischen ihren Eltern liegt, niemals $\frac{a}{b}$ gleicht und ihre Summe aus Zähler und Nenner stets echt größer ist als die entsprechende Summe jeder ihrer beiden Eltern. Nach Lemma 15.20 gibt es damit unendliche viele Paare $\left(\tfrac{m}{n}, \tfrac{m'}{n'}\right) \in M$ mit $a + b \geq m + n + m' + n'$, was unmöglich ist; unsere Annahme ist folglich falsch und es ist alles bewiesen. $\square$

15.22 Satz (Mediantenabstandssatz). *Sind $\frac{a}{b}$ und $\frac{a'}{b'}$ Quotienten natürlicher Zahlen mit $a'b - ab' = 1$ und damit insbesondere $\frac{a}{b} < \frac{a'}{b'}$, so ist*

$$\frac{a + a'}{b + b'} - \frac{a}{b} = \frac{1}{(b + b')b} \qquad und \qquad \frac{a'}{b'} - \frac{a + a'}{b + b'} = \frac{1}{b'(b + b')}.$$

Beweis.

$$\frac{a + a'}{b + b'} - \frac{a}{b} = \frac{(a + a')b - a(b + b')}{(b + b')b}$$

$$= \frac{ab + a'b - ab - ab'}{b'(b + b')}$$

$$= \frac{1}{(b + b')b}.$$

$$\frac{a'}{b'} - \frac{a + a'}{b + b'} = \frac{a'(b + b') - (a + a')b'}{b'(b + b')}$$

$$= \frac{a'b + a'b' - ab' - a'b'}{b'(b + b')}$$

$$= \frac{1}{b'(b + b')}. \qquad \square$$

---

[4] In [13] wird in Abschnitt 6.7 auch ein konstruktiver Beweis gegeben, der allerdings eine hier allzu weit führende nähere Untersuchung von Kettenbrüchen erfordert.

16 Der Schaltkalkül

16.1 Mondjahreskonstruktionssätze

In diesem Abschnitt werden Sätze zusammengestellt, die dazu dienen, das Konstruieren der Mondjahre mathematisch exakt und präzise zu erfassen. Ein allgemeiner Zusammenhang zu den Themen der Abschnitte 16.2 und 16.3 konnte von mir nicht erkannt werden, es kommt hier auf die konkreten Zahlenwerte an, s. Abschnitt 5.1. Daher ist dieser Abschnitt unabhängig von den anderen des Kapitels.

Bevor wir in *in medias res* gehen, werden die hier vorkommenden Variablen mit einer kalendarischen Bedeutung versehen, die aber allein der Motivation dient und für die Beweise irrelevant ist; die Beweise sind reine Mathematik. Alle Variablen bezeichnen Tage oder Vorlauf eines Datums vor einem anderen (s. Definition 5.2), sofern nicht ausdrücklich anders gesagt.

Mit a_n wird der Vorlauf des Mondneujahrstages des Mondjahrs n von einem aus dem Zusammenhang ersichtlichen Kalendertag des Sonnenjahrs, dem Basistag, bezeichnet. Die Variable r bedeutet den Rückstand eines Mondgemeinjahrs gegen das Sonnenjahr, und m den maximal zulässigen Abstand des Mondneujahrstages vom Basistag. Schließlich ist c die Länge eines Schaltmonats und endlich s der Abstand des ersten Mondneujahrs des Zyklus vom Basistag.

16.1 Definition (Generalvoraussetzung in Abschnitt 16.1). Es seien c, r, m und s natürliche Zahlen mit

(16.1.i)	$0 < r < c$	Der Rückstand ist kleiner als die Schaltmonatslänge.
(16.1.ii)	$0 < m < c$	Der Maximalabstand ist kleiner als die Schaltmonatslänge.
(16.1.iii)	$0 \leq s \leq m$	Der Anfangsabstand ist höchstens der maximale.

Die Folge $(a_n)_{n \in \mathbb{N} \setminus \{0\}}$ wird dann rekursiv definiert durch

$$(16.1.iv) \qquad a_1 = s, \qquad a_{n+1} = \begin{cases} a_n + r & \text{falls } a_n + r \leq m, \\ a_n + r - c & \text{falls } m < a_n + r. \end{cases} \qquad \square$$

16.2 Lemma. *Es gilt $-c < m - c < a_n \leq m < c$ für alle $n \in \mathbb{N} \setminus \{0\}$.*

Beweis. Die beiden äußeren Ungleichungen sind klar und die beiden inneren zeigen wir durch vollständige Induktion nach $n \in \mathbb{N} \setminus \{0\}$, wobei die Induktionsvoraussetzung nach (16.1.ii) und (16.1.iii) klar ist. Die Behauptung gelte also für beliebiges $n \in \mathbb{N} \setminus \{0\}$.

1. Fall $a_n + r \leq m$. Dann ist $m - c < 0 \leq a_{n+1} = a_n + r \leq m$.

2. Fall $m < a_n + r$. Dann ist nach Induktions- und Fallvoraussetzung $m < a_n + r \leq m + r$, also $m - c < a_n + r - c \leq m + r - c < m$. $\qquad \square$

16.3 Satz. *Ist die Funktion f definiert durch*

$$\mathbb{N} \setminus \{0\} \ni n \xmapsto{f} (rn + (s - r) \bmod c) \bmod c \in [0, c - 1] \cap \mathbb{Z},$$

so gelten für alle $n \in \mathbb{N} \setminus \{0\}$ die Gleichungen

(16.3.i) $$f(n) = (r(n - 1) + s) \bmod c$$

und

(16.3.ii) $$f(n) = a_n \bmod c.$$

Beweis. zu (16.3.i). Offensichtlich ist

$$(rn + (s - r) \bmod c) \bmod c \equiv r(n - 1) + s \pmod{c}.$$

zu (16.3.ii). Wir nutzen Induktion nach $n \in \mathbb{N} \setminus \{0\}$ und argumentieren zum Induktionsanfang $f(1) = (r(1 - 1) + s) \bmod c = s \bmod c = s = a_1$. Es gelte also $f(n) = a_n$.

1. Fall $a_n + r \leq m$. Mit $a_{n+1} = a_n + r$ erhalten wir

$$
\begin{aligned}
a_n &\equiv r(n - 1) + s && \pmod{c} \\
a_{n+1} &\equiv r(n - 1) + r + s && \pmod{c} \\
&\equiv rn + s && \pmod{c}.
\end{aligned}
$$

2. Fall $m < a_n + r$. Es gilt

$$
\begin{aligned}
a_{n+1} &= a_n + r - c \\
a_n &\equiv r(n - 1) + s && \pmod{c} \\
a_n + r &\equiv rn + s && \pmod{c} \\
a_{n+1} &\equiv rn + s - c && \pmod{c} \\
&\equiv rn + s && \pmod{c}
\end{aligned}
$$

und schließlich $a_{n+1} \bmod c = (rn + s) \bmod c = f(n + 1)$. $\qquad \square$

16.4 Korollar. *Für alle $n \in \mathbb{N} \setminus \{0\}$ gilt*

$$a_n = \begin{cases} f(n) & f(n) \leq m, \\ f(n) - c & m < f(n). \end{cases}$$

Beweis. Man folgere die Ungleichungen $-c < m - c < 0 < m < c$ aus den Voraussetzungen und unterscheide zwei Fälle.

1. Fall $f(n) \leq m$. Dann ist $-c \leq f(n) - c \leq -c$, mithin $f(n)$ die eindeutig bestimmte ganze Zahl im Intervall $]m - c, m]$ mit $f(n) \equiv a_n \pmod{c}$ und schließlich $f(n) = a_n$.

1. Fall $m < f(n)$. Dann ist jedenfalls $f(n) \neq a_n$, aber dennoch $f(n) \equiv a_n \pmod{c}$; wegen $m - c < f(n) - c < 0$ sind wir fertig. $\qquad\square$

16.2 Schaltjahre

Die Ausführungen des Abschnitts 16.2 gehen auf [28] zurück, genauer auf Abschnitt 1.12 (Seite 32ff.), in dem es um gleichmäßig verteilte Schaltjahre geht; viele Beweise werden dort dem Leser überlassen, so auch der des grundlegenden Schaltjahrzählsatzes 16.16, zu dessen Beweis wir etliche vorbereitende Lemmata und Definitionen einfügen; in [28] stehen nur die Aussagen (16.16.i) und (16.16.ii) des genannten Satzes.

Es wurden zusätzliche Sätze formuliert, die für unsere Zwecke notwendig sind und sich bei den genannten Autoren nicht finden.

16.5 Definition (Gleichmäßig verteiltes Schaltjahr, auch Schaltzahl genannt).

$$ {}^c_l\mathbb{L}_\Delta = \left\{ y \mid y \in \mathbb{Z}, (\exists k \in \mathbb{Z}) \left(y + \Delta - 1 < k\frac{c}{l} \leq y + \Delta \right) \right\} $$

ist die Menge der *Schaltjahre* oder *Schaltzahlen,* wenn die Jahre mit

$$\ldots, -3, -2, -1, 0, 1, 2, 3, \ldots$$

gezählt werden und $l > 0$ Schaltjahre in einem Zyklus von $c > 0$ Jahren gleichmäßig verteilt werden, wobei $l < c$ gilt; das Jahr 0 hat im Zyklus, der mit $0, \ldots, c - 1$ bezeichnet werde, die Position $\Delta \in [0, c - 1] \cap \mathbb{Z}$.

Wir nennen das Tripel (c, l, Δ) eine *Schaltkonstellation;* sind c und l teilerfremd so heißt die Schaltkonstellation *primitiv.*

Man fügt ein Schaltjahr ein, sobald $y + \Delta$ ein Vielfaches von $\frac{c}{l}$ erreicht oder gerade überschritten hat: man schaltet so früh wie möglich.

Weiter verabreden wir: $\frac{l}{c}$ ist die *Schaltjahr* oder *-dichte,* $\frac{c}{l}$ ist der *mittlere Schaltjahrabstand.* Folgen zwei oder mehr Schaltjahre unmittelbar aufeinander, so sprechen wir von *Schaltjahrzwillingen, -drillingen, -vierlingen* usw. Die Menge der Schaltjahrzwillinge bezeichnen wir mit ${}^c_l\mathbb{T}_\Delta$. $\qquad\square$

16.6 Bemerkung. Es ist $0 \in {}_l^c\mathbb{L}_0$ und wir werden in Kürze zeigen, daß es ebenso viele Schaltjahre wie ganze Zahlen gibt, sprich ${}_l^c\mathbb{L}_0 \approx \mathbb{Z}$ ist, an Schaltjahren also kein Mangel herrscht.

Betrachten wir die in den Kalenderregeln 3.10 und 4.5 und auf Tafel 5.1 behandelten Julianischen Sonnenschaltjahre und die Mondschaltjahre der Osterjahre im *Meton*ischen Zirkel, d.h. die Wertepaare $(l, c) = (1, 4)$ und $(l, c) = (7, 19)$. Dann muß im ersten Beispiel ein Tag eingeschaltet werden, sobald der jährliche Rückstand von $\frac{l}{c} = \frac{1}{4}$ Tagen sich auf einen Tag erhöht hat; im zweiten Beispiel muß der jährliche Rückstand von $\frac{l}{c} = \frac{7}{19}$ en auf einen Monat angewachsen sein. Im ersten Fall tritt dies alle $4 = \frac{c}{l} = \frac{4}{1}$ Jahre ein, im zweiten Fall alle $2\frac{5}{7} = \frac{c}{l} = \frac{19}{7}$ Jahre. Es ist ja

(16.6.i)
$$(y + \Delta - 1)\frac{l}{c} < k \leq (y + \Delta)\frac{l}{c}$$

äquivalent zu

(16.6.ii)
$$y + \Delta - 1 < k\frac{c}{l} \leq y + \Delta,$$

so daß k, zumindest wenn $k \geq 0$, der kumulierte Rückstand ist, der durch Einschalten eines Tages oder Monats, abhängig von der Art des Jahres, korrigiert werden muß, wenn ein Jahr y die Bedingung (16.6.i) erfüllt; das Pulsieren des Rückstands auf Grund der eingeschalteten Einheiten geben die in Abschnitt 16.3 eingeführten Epaktenfunktionen wieder.

Die Schaltjahrverschiebung Δ ermöglicht es, die Lage der Schaltjahre im Schaltzyklus an eine historisch bedingte Epoche anzupassen.

Der Schaltjahrzählsatz 16.16 zeigt u.a. intuitiv erwartete Ergebnisse über die Zahl der Schaltjahre in ganzzahligen Intervallen: alle diesbezüglichen Aussagen sind ja mathematisch streng aus Definition 16.5 und den Eigenschaften der ganzen Zahlen zu folgern; auf intuitive, quasi-empirische Erkenntnisse oder heuristische Überlegungen zu Schaltjahren dürfen wir hier nicht bauen.

Es ist auch nicht entscheidend, die Elemente von ${}_l^c\mathbb{L}_\Delta$ »Schaltjahre« zu nennen, dieser Name dient allein der Veranschaulichung und Motivation der abstrakten Definition 16.5, auf die alles zurückgeführt werden muß: wir werden im Zusammenhang mit der Mond(an)gleichung unseren Kalkül ebenso auf Jahrhunderte anwenden, will sagen Schaltjahrhunderte einführen, wie wir es in Kapitel 18 auf Sonnen- und Mondmonate anwenden; in Definition 16.5 wird daher zusätzlich auch von Schaltzahlen gesprochen. Das Wort »(ein-)schalten« sollte man nicht wörtlich nehmen, wie der in [17] gezeigte Zusammenhang mit der Computer-Graphik zeigt.

Kern des Kalküls ist nämlich einzig und allein das gleichmäßige Verteilen von l ganzen Zahlen auf einen Zyklus der ganzzahligen Länge c; welche inhaltliche Bedeutung dahintersteckt ist dem abstrakten Kalkül gleichgültig. □

16.7 Definition (Äquivalente Schaltkonstellationen). Die Schaltkonstellationen (c_1, l_1, Δ_1) und (c_2, l_2, Δ_2) heißen äquivalent, wenn ${}_{l_1}^{c_1}\mathbb{L}_{\Delta_1} = {}_{l_2}^{c_2}\mathbb{L}_{\Delta_2}$; wir schreiben dann $(c_1, l_1, \Delta_1) \equiv (c_2, l_2, \Delta_2)$. □

16.8 Satz (Erweiterungslemma für Schaltkonstellationen).
Ist (c, l, Δ) eine Schaltkonstellation und $0 < d \in \mathbb{N}$, so gilt

$$(c, l, \Delta) \equiv (dc, dl, \Delta).$$

Beweis. Die Behauptung folgt sofort aus Definition 16.5, da $\frac{c}{l} = \frac{dc}{dl}$. □

16.9 Lemma. *Ist (c, l, Δ) eine Schaltkonstellation, so ist die Schaltjahresverschiebungsabbildung*

$$(16.9.\text{i}) \qquad {}^c_l\mathbb{L}_0 \ni y \overset{{}^c_l\text{T}_\Delta}{\longmapsto} y - \Delta \in {}^c_l\mathbb{L}_\Delta$$

eine Bijektion und die folgenden Aussagen sind äquivalent:

$(16.9.\text{ii}) \qquad y \in {}^c_l\mathbb{L}_0$

$(16.9.\text{iii}) \qquad (\exists! k \in \mathbb{Z}) \left(k\frac{c}{l} \leq y < k\frac{c}{l} + 1 \right)$

$(16.9.\text{iv}) \qquad (\exists k \in \mathbb{Z}) \left(k\frac{c}{l} \leq y < k\frac{c}{l} + 1 \right).$

$(16.9.\text{v}) \qquad 0 \leq \left(y \bmod \frac{c}{l} \right) < 1$

$(16.9.\text{vi}) \qquad 0 \leq (yl \bmod c) < l$

$(16.9.\text{vii}) \qquad (yl \bmod c) < l$

Beweis. Die Aussage über ${}^c_l\text{T}_\Delta$ ist klar.

$(16.9.\text{ii}) \Rightarrow (16.9.\text{iii})$. Sei $y \in {}^c_l\mathbb{L}_0$. Dann gibt es nach Definition 16.5 eine ganze Zahl $k \in \mathbb{Z}$ mit $y - 1 < k\frac{c}{l} \leq y$, woraus sofort

$$(16.9.\star) \qquad k\frac{c}{l} \leq y < k\frac{c}{l} + 1$$

folgt; es bleibt die Eindeutigkeit von k zu zeigen. Seien also k_1 und k_2 verschiedene ganze Zahlen, die $(16.9.\star)$ erfüllen, etwa mit $k_1 < k_2$. Wegen $1 < \frac{c}{l}$ folgen die Ungleichungen

$$y < k_1\frac{c}{l} + 1 < k_1\frac{c}{l} + \frac{c}{l} = (k_1 + 1)\frac{c}{l} \leq k_2\frac{c}{l} \leq y,$$

mithin der Widerspruch $y < y$.

$(16.9.\text{iii}) \Rightarrow (16.9.\text{iv})$. Hier gibt es nichts zu beweisen.

$(16.9.\text{iv}) \Rightarrow (16.9.\text{v})$. Es sei $k \in \mathbb{Z}$ mit $k\frac{c}{l} \leq y < k\frac{c}{l} + 1$ gegeben. Dann erhalten wir die Ungleichungen $y - k\frac{c}{l} < 1$, $kc \leq yl < kc + l$ und $k \leq \frac{yl}{c} < k + 1$. Also ist $k = \left\lfloor \frac{yl}{c} \right\rfloor$ und wir gelangen zu $0 \leq y \bmod \frac{c}{l} = y - \frac{c}{l}\left\lfloor \frac{yl}{c} \right\rfloor = y - k\frac{c}{l} < 1$.

$(16.9.\text{v}) \Rightarrow (16.9.\text{vi})$. Aus $0 \leq y - \frac{c}{l}\left\lfloor \frac{yl}{c} \right\rfloor < 1$ folgt sofort $0 \leq yl - c\left\lfloor \frac{yl}{c} \right\rfloor < l$.

$(16.9.\text{vi}) \Rightarrow (16.9.\text{vii})$. Hier gibt es nichts zu beweisen.

$(16.9.\text{vii}) \Rightarrow (16.9.\text{ii})$. Sei also $y \in \mathbb{Z}$ mit $yl - c\left\lfloor \frac{yl}{c} \right\rfloor < l$ gegeben. Setzt man $k = \left\lfloor \frac{yl}{c} \right\rfloor$, dann folgt $y - \frac{c}{l}k < 1$ und $y < \frac{c}{l}k + 1$, schließlich $y - 1 < \frac{c}{l}k$; andererseits folgt aus $(15.4.\text{i})$ wegen $c > 0$ die Ungleichung $0 \leq yl - kc$, also $kc \leq yk$, endlich $k\frac{c}{l} \leq y$ und es ist alles bewiesen. □

16.10 Korollar (Allgemeines Schaltjahrkriterium). *Ist* (c, l, Δ) *eine Schalt-konstellation und* $y \in \mathbb{Z}$, *so gilt* $y \in {}^c_l\mathbb{L}_\Delta \Leftrightarrow (y + \Delta)l \bmod c < l$.

Beweis. Für $\Delta = 0$ ist dies Aussage (16.9.vii) und es gibt nichts mehr zu beweisen; anderenfalls sind die Schaltjahre um Δ vorgezogen, d.h. wir fragen danach, wann $y + \Delta \in {}^c_l\mathbb{L}_0$; es gilt offenbar $y \in {}^c_l\mathbb{L}_\Delta \Leftrightarrow y + \Delta \in {}^c_l\mathbb{L}_0$, woraus erneut wegen (16.9.vii) sofort die Behauptung folgt. $\qquad\square$

16.11 Lemma. *Zu jedem* $k \in \mathbb{Z}$ *gibt es genau ein* $y \in {}^c_l\mathbb{L}_0$ *mit*

$$k\frac{c}{l} \leq y < k\frac{c}{l} + 1.$$

Beweis. Da der Körper $\mathbb{Q}$ archimedisch angeordnet ist (s. [27] S. 92f.), gibt es genau eine Zahl $y \in \mathbb{Z}$, die obige Ungleichungen erfüllt; wegen Lemma 16.9 ist sie ein Schaltjahr. $\qquad\square$

16.12 Satz (Schaltjahrwiederholungs- und -reduktionssatz). *Für beliebiges* $y \in \mathbb{Z}$ *gilt*

(16.12.i) $\qquad y \in {}^c_l\mathbb{L}_\Delta \Leftrightarrow (\forall s \in \{1, -1\}) \, (\forall n \in \mathbb{N}) \, y + snc \in {}^c_l\mathbb{L}_\Delta$ *und*

(16.12.ii) $\qquad y \in {}^c_l\mathbb{L}_\Delta \Leftrightarrow (y \bmod c) \in {}^c_l\mathbb{L}_\Delta$.

Beweis. zu (16.12.i). „$\Rightarrow$" Seien also $y \in {}^c_l\mathbb{L}_\Delta$ und $s \in \{1, -1\}$ beliebig; wir zeigen die Behauptung durch vollständige Induktion nach $n \in \mathbb{N}$.

Für $n = 0$ gibt es nichts zu beweisen; sei also $n \in \mathbb{N}$ und $y + snc \in {}^c_l\mathbb{L}_\Delta$. Dann gibt es nach (16.9.iv) ein $k \in \mathbb{Z}$ mit $k\frac{c}{l} \leq y + snc < k\frac{c}{l} + 1$. Die Gleichung $y + snc + sc = y + snc + s\frac{cl}{l}$ führt mithin zu den Ungleichungen

$$k\frac{c}{l} + s\frac{cl}{l} \leq y + s(n+1)c < k\frac{c}{l} + s\frac{cl}{l} + 1 \quad \text{und}$$
$$(k + sl)\frac{c}{l} \leq y + s(n+1)c < (k + sl)\frac{c}{l} + 1.$$

„$\Leftarrow$" Man wähle $s \in \{1, -1\}$ beliebig und setze $n = 0$.

zu (16.12.ii). Nach dem Allgemeinen Euklidischen Algorithmus 15.5 ist $y = c \lfloor \frac{y}{c} \rfloor + (y \bmod c)$, so daß sich die Behauptung sofort aus (16.12.i) ergibt. $\quad\square$

16.13 Definition (Schaltjahresfolge). Die Abbildung

$$\lambda : \mathbb{Z} \longrightarrow {}^c_l\mathbb{L}_0 \text{ mit } \operatorname{graph}(\lambda) = \left\{ (k, y) \, \middle| \, k, y \in \mathbb{Z}, k\frac{c}{l} \leq y < k\frac{c}{l} + 1 \right\}$$

ordnet jeder ganzen Zahl das durch sie bestimmte Schaltjahr zu; statt $\lambda(k)$ schreiben wir meistens λ_k. $\qquad\square$

16.14 Satz.

(16.14.i)   *Die Abbildung $\lambda : \mathbb{Z} \longrightarrow {}^c_l\mathbb{L}_0$ ist streng monoton steigend und surjektiv, mithin eine Bijektion und es ist folglich $\mathbb{Z} \approx {}^c_l\mathbb{L}_0$.*

Ebenso gilt für alle $k \in \mathbb{Z}$

(16.14.ii) $$\lambda_k = \left\lceil k\frac{c}{l} \right\rceil = \left\lfloor \frac{kc-1}{l} \right\rfloor + 1,$$

(16.14.iii) $$\lambda_{k+1} = \lambda_k + \left\lfloor \frac{c}{l} \right\rfloor + \left\lfloor \left(\frac{kc-1}{l}\right) \bmod 1 + \frac{c}{l} \bmod 1 \right\rfloor$$

(16.14.iv) $$\lambda_k = \begin{cases} \left\lfloor k\frac{c}{l} \right\rfloor & \text{falls } (kc \bmod l) = 0, \\[2ex] \left\lfloor k\frac{c}{l} \right\rfloor + 1 & \text{sonst} \end{cases}$$

und schließlich

(16.14.v) $$k = \left\lfloor \frac{\lambda_k l}{c} \right\rfloor .$$

Beweis. zu (16.14.i). Für beliebiges $k \in \mathbb{Z}$ ist $k\frac{c}{l} + 1 < k\frac{c}{l} + \frac{c}{l} = (k+1)\frac{c}{l}$, so daß λ streng monoton steigend ist; die Surjektivität ist gerade (16.9.iv).

zu (16.14.ii). Mit $k \in \mathbb{Z}$ ist $\lambda_k - 1 < k\frac{c}{l} \le \lambda_k$ nach Definition 16.5 und wegen (15.12.iii) und (15.12.xiii) gilt $\lambda_k = \left\lceil k\frac{c}{l} \right\rceil = \left\lfloor \frac{kc+l-1}{l} \right\rfloor$; die Gleichungen $\frac{kc+l-1}{l} = k\frac{c}{l} + 1 - \frac{1}{l} = \frac{kc-1}{l} + 1$ führen schließlich zu $\lambda_k = \left\lfloor \frac{kc-1}{l} \right\rfloor + 1$.

zu (16.14.iii). Die Behauptung folgt sofort aus (16.14.ii) und (15.12.xi).

zu (16.14.iv). λ_k ist eindeutig bestimmt durch $k\frac{c}{l} \le \lambda_k < k\frac{c}{l}+1$ und $\lambda_k \in \mathbb{Z}$. Es ist $kc \bmod l = kc - l\left\lfloor \frac{kc}{l} \right\rfloor$.

1. Fall $kc - l\left\lfloor \frac{kc}{l} \right\rfloor = 0$. Dann ist $\frac{kc}{l} = \left\lfloor \frac{kc}{l} \right\rfloor \in \mathbb{Z}$, mithin $\lambda_k = \left\lfloor \frac{kc}{l} \right\rfloor$.

2. Fall $kc - l\left\lfloor \frac{kc}{l} \right\rfloor \ne 0$. Dann gilt nach (15.4.i) die Ungleichung $0 < kc - l\left\lfloor \frac{kc}{l} \right\rfloor$, also $l\left\lfloor \frac{kc}{l} \right\rfloor < kc$, mithin $\left\lfloor \frac{kc}{l} \right\rfloor < \frac{kc}{l}$ und schließlich $\left\lfloor \frac{kc}{l} \right\rfloor + 1 < \frac{kc}{l} + 1$; $k\frac{c}{l} < \left\lfloor k\frac{c}{l} \right\rfloor + 1$ ist eine Eigenschaft der *Gauß*-Klammer und es ist alles bewiesen.

zu (16.14.v). Es gilt $k\frac{c}{l} \le \lambda_k < k\frac{c}{l} + 1$, also $kc \le \lambda_k l < kc + l$ und damit $k \le \frac{\lambda_k l}{c} < k + \frac{l}{c} < k + 1$. $\square$

16.15 Satz.

(16.15.i)   *Für $k, y \in \mathbb{Z}$ mit $\lambda_k \le y$ gilt $\left\lfloor \frac{\lambda_k l}{c} \right\rfloor \le \left\lfloor \frac{yl}{c} \right\rfloor$.*

(16.15.ii)   *Für $k \in \mathbb{Z}$ mit $\lambda_k \ge 1$ ist $k \ge 1$ und $k < k\frac{c}{l} \le \lambda_k$.*

(16.15.iii)
$$\text{Seien } k, y \in \mathbb{Z} \text{ derart gewählt, daß } \lambda_k \text{ größtes}$$
$$\text{Schaltjahr aus } {}^{c}_{l}\mathbb{L}_0 \text{ im (ganzzahligen) Intervall}$$
$$[1, y] \cap \mathbb{Z} \text{ ist. Dann gilt } \left\lfloor \frac{\lambda_k l}{c} \right\rfloor = \left\lfloor \frac{yl}{c} \right\rfloor.$$

Beweis. zu (16.15.i). Wir haben $\lambda_k \leq y$ und folglich $\lambda_k l \leq yl$, sowie $\frac{\lambda_k l}{c} \leq \frac{yl}{c}$ und endlich $\left\lfloor \frac{\lambda_k l}{c} \right\rfloor \leq \left\lfloor \frac{yl}{c} \right\rfloor$.

zu (16.15.ii). Wir haben $k\frac{c}{l} \leq \lambda_k < k\frac{c}{l} + 1$. Wäre nun $k \leq 0$, so ergäbe sich $k\frac{c}{l} \leq 0$ und somit $k\frac{c}{l} + 1 \leq 1$, mithin der Widerspruch $1 \leq \lambda_k < k\frac{c}{l} + 1 \leq 1$; die restliche Behauptung folgt sofort.

zu (16.15.iii). Ist $y \in {}^{c}_{l}\mathbb{L}_0$, so gibt es nichts zu beweisen; sei also ab sofort $y \notin {}^{c}_{l}\mathbb{L}_0$. Ferner sei $k \in \mathbb{Z}$ die nach Voraussetzung existierende Zahl mit

$$\lambda_k = \max\left\{ \lambda_i \mid i \in \mathbb{Z}, \lambda_i \in [1, y] \cap \mathbb{Z} \right\}.$$

Da y kein Schaltjahr ist, folgt

(16.15.⋆)
$$\begin{array}{ccccc}
\lambda_k & < & y & < & \lambda_{k+1}, \\
\lambda_k l & < & yl & < & \lambda_{k+1}l, \\
\dfrac{\lambda_k l}{c} & < & \dfrac{yl}{c} & < & \dfrac{\lambda_{k+1}l}{c}
\end{array}$$
und schließlich

$$k = \left\lfloor \frac{\lambda_k l}{c} \right\rfloor \leq \left\lfloor \frac{yl}{c} \right\rfloor \leq \left\lfloor \frac{\lambda_{k+1}l}{c} \right\rfloor = k + 1 \text{ nach (16.14.v).}$$

Wir führen die Annahme $\left\lfloor \frac{yl}{c} \right\rfloor = k + 1$ zum Widerspruch: Nach (16.9.vi) und da $y \notin {}^{c}_{l}\mathbb{L}_0$ vorausgesetzt wurde, gilt

$$\begin{array}{ccc}
\lambda_{k+1}l \bmod c & < l \leq & yl \bmod c \\
\lambda_{k+1}l - c\left\lfloor \dfrac{\lambda_{k+1}l}{c} \right\rfloor & < l \leq & yl - c\left\lfloor \dfrac{yl}{c} \right\rfloor.
\end{array}$$

Aussage (16.14.v) führt zu

$$\lambda_{k+1}l - c(k+1) < yl - c(k+1)$$
$$\lambda_{k+1}l < yl,$$

mithin folgt wegen (16.15.⋆) der Widerspruch $yl < yl$. $\qquad\square$

16.16 Satz (Schaltjahrzählsatz). *Seien y, a, $b \in \mathbb{Z}$ sowie (c, l, Δ) eine Schaltkonstellation. Dann gilt*

(16.16.i) $\quad y \geq 1 \Rightarrow \left| {}^{c}_{l}\mathbb{L}_0 \cap [1, y] \right| = \left\lfloor \dfrac{yl}{c} \right\rfloor,$

(16.16.ii) $\quad y \geq 1 \Rightarrow \left| [1, y] \cap {}^{c}_{l}\mathbb{L}_\Delta \right| = \left\lfloor \dfrac{ly + (\Delta l \bmod c)}{c} \right\rfloor,$

(16.16.iii) $\quad y < 0 \Rightarrow |[y,0] \cap {}_l^c\mathbb{L}_\Delta| = -\left\lfloor \dfrac{l(y-1)+(\Delta l \bmod c)}{c} \right\rfloor,$

(16.16.iv) $\quad |[0,c-1] \cap {}_l^c\mathbb{L}_\Delta| = |[1,c] \cap {}_l^c\mathbb{L}_\Delta| = l,$

(16.16.v) $\quad (a < b \ \& \ |[a,b]| = c) \Rightarrow |[a,b] \cap {}_l^c\mathbb{L}_\Delta| = |[0,c-1] \cap {}_l^c\mathbb{L}_\Delta| = l.$

Beweis. zu (16.16.i). *1. Fall* $|{}_l^c\mathbb{L}_0 \cap [1,y]| = \emptyset$. Es reicht $y < \frac{c}{l}$ zu zeigen; angenommen, dies wäre nicht so, d.h. es wäre $\frac{c}{l} \le y$. Die Ungleichungen $1 < \frac{c}{l} \le \lambda_1 < \frac{c}{l}+1$ folgen aus 16.9 und wir unterscheiden zwei Fälle.

Ist $y < \frac{c}{l}+1$, so gilt $\frac{c}{l} \le y < \frac{c}{l}+1$, mithin $y = \lambda_1$, im Widerspruch zur übergeordneten Fallunterscheidung.

Ist hingegen $\frac{c}{l}+1 \le y$, so ist $1 \le \lambda_1 < y$, erneut im Widerspruch zur übergeordneten Fallunterscheidung.

2. Fall $|{}_l^c\mathbb{L}_0 \cap [1,y]| \ne \emptyset$. Es sei $k \in \mathbb{Z}$ jene ganze Zahl mit

$$\lambda_k = \max\{\lambda_i \mid i \in \mathbb{Z}, \lambda_i \in [1,y]\}.$$

Dann gilt nach (16.14.v) und (16.15.iii) $k = \left\lfloor \frac{\lambda_k l}{c} \right\rfloor = \left\lfloor \frac{yl}{c} \right\rfloor$. Es reicht folglich, k als die Zahl der in $[1,y]$ liegenden Schaltjahre aus ${}_l^c\mathbb{L}_0$ nachzuweisen. Schreiben wir zur Abkürzung I_n für $[1,n]$, so gelten für $i \in I_k$ wegen (16.14.i) die Ungleichungen $0 = \lambda_0 < \lambda_i \le \lambda_k \le y$, d.h. $\lambda|_{I_k} : I_k \longrightarrow {}_l^c\mathbb{L}_0 \cap I_y$ ist eine Bijektion und wir sind fertig.

zu (16.16.ii). Wie im Beweis des Allgemeinen Schaltjahrkriteriums 16.10 betrachten wir statt des Jahres y das Jahr $y+\Delta$ und erkennen für $y \ge 1$ sofort

$$[1,y] \cap {}_l^c\mathbb{L}_\Delta = [1+\Delta, y+\Delta] \cap {}_l^c\mathbb{L}_0,$$

$$|[1,y] \cap {}_l^c\mathbb{L}_\Delta| = |[1, y+\Delta] \cap {}_l^c\mathbb{L}_0| - |[1,\Delta] \cap {}_l^c\mathbb{L}_0|$$

$$(16.16.\star) \qquad \overset{(16.16.i)}{=} \left\lfloor \frac{(y+\Delta)l}{c} \right\rfloor - \left\lfloor \frac{\Delta l}{c} \right\rfloor.$$

Aus dem Allgemeinen Euklidischen Algorithmus 15.5 folgt sofort

$$(16.16.{\overset{\star}{\star}}) \qquad \frac{\Delta l}{c} = \left\lfloor \frac{\Delta l}{c} \right\rfloor + \frac{\Delta l \bmod c}{c}$$

und andererseits ist

$$\frac{(y+\Delta)l}{c} = \frac{ly + \Delta l}{c}$$

$$= \frac{ly}{c} + \frac{\Delta l}{c}$$

$$\overset{(16.16.{\overset{\star}{\star}})}{=} \frac{ly}{c} + \left\lfloor \frac{\Delta l}{c} \right\rfloor + \frac{\Delta l \bmod c}{c}$$

$$= \frac{ly + (\Delta l \bmod c)}{c} + \left\lfloor \frac{\Delta l}{c} \right\rfloor,$$

mithin

$$\frac{(y+\Delta)l}{c} - \left\lfloor \frac{\Delta l}{c} \right\rfloor = \frac{ly + (\Delta l \bmod c)}{c}$$

und schließlich

$$\left\lfloor \frac{(y+\Delta)l}{c} \right\rfloor - \left\lfloor \frac{\Delta l}{c} \right\rfloor = \left\lfloor \frac{ly + (\Delta l \bmod c)}{c} \right\rfloor,$$

was zusammen mit Aussage (16.16.$\star$) die Behauptung ergibt.

zu (16.16.iii). Die Beweisidee besteht darin, das Intervall $[y, 0]$ um ein Vielfaches von c in die positiven ganzen Zahlen zu verschieben und dann Satz 16.12 und Aussage (16.16.ii) anzuwenden.

Setzt man $q := \left\lfloor \frac{y}{c} \right\rfloor$ und $r := y \bmod c$, so gilt $y = cq + r < 0$ mit $0 \leq r < c$ und man erhält $0 \leq y - cq = r < c$ und wegen $0 < l < c$ schließlich $2 \leq c \leq y - cq + c < 2c$ und endlich $2 \leq y + c(1-q) < c(1-q)$.

Also ist nach Satz 16.12

$$|[y, 0] \cap {}_l^c\mathbb{L}_\Delta| = |[y + c(1-q), c(1-q)] \cap {}_l^c\mathbb{L}_\Delta|$$
$$= |[1, c(1-q)] \cap {}_l^c\mathbb{L}_\Delta| - |[1, y + c(1-q) - 1] \cap {}_l^c\mathbb{L}_\Delta|,$$

und Aussage (16.16.ii) führt zu

$$= \left\lfloor \frac{lc(1-q) + (\Delta l \bmod c)}{c} \right\rfloor$$
$$\quad - \left\lfloor \frac{l(y + c(1-q) - 1) + (\Delta l \bmod c)}{c} \right\rfloor$$
$$= \left(l(1-q) + \left\lfloor \frac{\Delta l \bmod c}{c} \right\rfloor \right)$$
$$\quad - \left(l(1-q) + \left\lfloor \frac{l(y-1) + (\Delta l \bmod c)}{c} \right\rfloor \right)$$
$$= - \left\lfloor \frac{l(y-1) + (\Delta l \bmod c)}{c} \right\rfloor.$$

zu (16.16.iv). Die erste Gleichung folgt aus Satz 16.12 und es ist nach (16.16.ii)

$$|[1, c] \cap {}_l^c\mathbb{L}_\Delta| = \left\lfloor \frac{lc + (\Delta l \bmod c)}{c} \right\rfloor = \left\lfloor l + \frac{\Delta l \bmod c}{c} \right\rfloor$$
$$= l + \left\lfloor \frac{\Delta l \bmod c}{c} \right\rfloor = l.$$

zu (16.16.v). Wegen Satz 16.12 reicht es zu zeigen

$$[0, c-1] \cap \mathbb{Z} = \{y \bmod c \mid y \in [a, b]\};$$

die Inklusion von rechts nach links ist klar, und der anderen wegen betrachten wir die Funktion

$$[a, b] \ni y \xmapsto{\;f\;} y \bmod c \in [0, c-1]$$

und führen den Beweis indirekt weiter.

Wäre die Behauptung falsch, so hätten wir

$$|f\,[[a,\,b]\cap\mathbb{Z}]| < c = |[0,\,c-1]\cap\mathbb{Z}| = |[a,\,b]\cap\mathbb{Z}|\,.$$

Nach dem *Dirichlet*schen Schubkastenprinzip [1] gibt es dann $y_1,\,y_2 \in [a,\,b]$ mit $y_1 \neq y_2$ und $f(y_1) = f(y_2)$, sprich $y_1 \bmod c = y_2 \bmod c$, und es sei etwa $y_1 > y_2$. Nach dem Allgemeinen Euklidischen Algorithmus gilt

$$c\left\lfloor\frac{y_2}{c}\right\rfloor + (y_2 \bmod c) = y_2 < y_1 = c\left\lfloor\frac{y_1}{c}\right\rfloor + (y_1 \bmod c)$$

und damit

$$\left\lfloor\frac{y_2}{c}\right\rfloor < \left\lfloor\frac{y_1}{c}\right\rfloor\,.$$

Andererseits folgt aus der letzten Ungleichung

$$y_1 - c\left\lfloor\frac{y_1}{c}\right\rfloor = y_2 - c\left\lfloor\frac{y_2}{c}\right\rfloor$$

mithin

$$0 < y_1 - y_2 = c\left(\left\lfloor\frac{y_1}{c}\right\rfloor - \left\lfloor\frac{y_2}{c}\right\rfloor\right)\,.$$

Da, wie man unschwer erkennt, $y_1 - y_2 \leq y_1 - a \leq b - a < c$ ist, erhalten wir insgesamt

$$0 < \left\lfloor\frac{y_1}{c}\right\rfloor - \left\lfloor\frac{y_2}{c}\right\rfloor < 1,$$

was nicht sein kann, da es keine echt zwischen 0 und 1 liegende ganze Zahl gibt. □

16.3 Epaktenfunktionen

Der Begriff der Epaktenfunktion wurde von mir geprägt, um den Begriff der Epakte, einen zentralen Begriff der Komputistik, abstrakt einzuführen und mathematisch korrekt Eigenschaften zu beweisen, die in der Literatur herangezogen werden ohne aber exakt bewiesen zu werden.

16.17 Bemerkung (Motivation der Definition 16.19). Aus der Definition 16.5 des Schaltjahrs wurden bisher rein mathematisch, ohne die Bedeutung des Schaltjahrs in der Komputistik näher zu verwenden, wichtige Eigenschaften gefolgert; dennoch mag die formale Definition des Schaltjahrs und das Schaltjahrkriterium 16.10 manchem noch recht unanschaulich geblieben sein und es mögen Zweifel bestehen, ob wir mit unserer Definition die Bedeutung des Schaltjahrs, wie im Zitat 3.6 von Ginzel angegeben, erfaßt haben: [2] in der Praxis wird man nämlich von einer durch die Astronomie und den kulturellen

---

[1] Legt man n Gegenstände in r Schubkästen, wobei $r < n$ ist, so enthält mindestens ein Schubkasten mehr als einen Gegenstand.

[2] Man beachte auch die Fußnote auf S. 37.

Kontext festgelegten Epoche ausgehend den Überschuß der Sonne über den Mond oder den Rückstand des Mondes gegen die Sonne zählen und schalten, sobald ein Tag oder Monat – abhängig von der Art des Kalenders – erreicht oder gar überschritten wird.

Anders gesagt: wenn l Schaltjahre gleichmäßig auf c Jahre zu verteilen sind, so wir man, ausgehend von einem Überschuß/Rückstand zum Zeitpunkt der Epoche von $\frac{a}{c}$, solange pro Jahr $\frac{l}{c}$ addieren, bis 1 erreicht oder überschritten ist und in genau diesen Fällen schalten und den Überschuß/Rückstand um 1 vermindern.

Man konstruiert die gleichen Schaltjahre, wenn man nur die Zähler der Brüche betrachtet, also zu a solange l addiert bis c erreicht oder überschritten wird, genau dann schaltet und um c reduziert.

Das Epaktenlemma 16.18 und die Definition 16.19 beschreiben das geschilderte Schaltjahrkonstruktionsverfahren und Satz 16.24 zeigt, daß dabei genau die Schaltjahre gemäß Definition 16.5 entstehen.

Das Wort *Epakte* stammt aus dem Griechischen, genauer leitet es sich aus dem Verbaladjektiv ἐπακτός (sprich: *epaktos*) des Verbs ἐπαγείν (sprich: *epagein*), zu Deutsch *einschalten, hinzufügen*, her; im antiken griechischen Kalender wurden Schalttage als αἱ ἐπακταὶ ἡμεραί (sprich: *hai epaktai hemerai*), zu Deutsch *die eingeschalteten Tage* bezeichnet.

Der in den Kapiteln 7 und 8 behandelte Begriff der *Epakte alten und neuen Stils* bedeutete ursprünglich die Zahl der Tage, die dem Mondjahr hinzugefügt werden mußten (Rückstand des Mondes gegen die Sonne!), um das Ende des Sonnenjahres zu erreichen. Außer in [1], S. 36 fand ich nur im *Concise Oxford Dictionary* einen diesbezüglichen Hinweis; dort heißt es unter dem Stichwort

epact Age of moon on Jan. 1; excess of solar over lunar year

Ohne die ursprüngliche Bedeutung des Wortes Epakte zu kennen, bleiben die Gründe seiner Eigenschaften, wie sie in der Komputistik verwandt werden, im Dunkeln; hier soll der Begriff der Epaktenfunktion nebst der angeführten Lemmata, Korollare und Sätze Licht in das Dunkel bringen. $\qquad\square$

16.18 Lemma (Epaktenlemma). *Seien c, l, $\varepsilon \in \mathbb{N}$ mit $0 < l < c$ und $0 \le \varepsilon < c$. Dann gilt*

(16.18.i) $\varepsilon + l < c \iff 0 < l \le \varepsilon + l < c$

(16.18.ii) $c \le \varepsilon + l \iff 0 \le \varepsilon + l - c < l$.

Beweis. zu (16.18.i). „$\Rightarrow$" Dann ist ε beschränkt durch $0 \le \varepsilon < c - l$ und es folgt $0 < l \le \varepsilon + l < c$. „$\Leftarrow$" Hier gibt es nichts zu beweisen.

zu (16.18.ii). „$\Rightarrow$" Dann ist ε beschränkt durch $c - l \le \varepsilon < c$ und es folgt $0 \le \varepsilon + l - c < l$. „$\Leftarrow$" $0 \le \varepsilon + l - c$ ergibt sofort $c \le \varepsilon + l$. $\qquad\square$

Das eben bewiesene Lemma legt die folgende Definition nahe.

16.19 Definition (Epaktenfunktion). Seien $l, c \in \mathbb{N}$ mit $0 < l < c$. Eine Funktion $f : \mathbb{Z} \longrightarrow [0, c-1] \cap \mathbb{Z}$ ist eine c-l-Epaktenfunktion, wenn für jedes $y \in \mathbb{Z}$ gilt

$$f(y+1) = \begin{cases} f(y) + l, & \text{falls } f(y) + l < c \\ f(y) + l - c, & \text{sonst.} \end{cases}$$

Sind c und l aus dem Zusammenhang klar, so spricht man kurz von einer Epaktenfunktion. □

16.20 Satz.

(16.20.i)   *Sei $f : \mathbb{Z} \longrightarrow [0, c-1] \cap \mathbb{Z}$ eine c-l-Epaktenfunktion.*
Dann gilt $f(b) = (f(a) + (b-a)l) \bmod c$ für $a, b \in \mathbb{Z}$.

(16.20.ii)   *Mit $\alpha \in \mathbb{Z}$ ist umgekehrt*
$$\mathbb{Z} \ni n \overset{f}{\mapsto} (\alpha + ln) \bmod c \in [0, c-1] \cap \mathbb{Z}$$
eine Epaktenfunktion.

Beweis. zu (16.20.i). Wir behandeln zunächst den Fall $a \le b$, und zwar mittels vollständiger Induktion nach $b - a \in \mathbb{N}$; der Induktionsanfang ist klar und es sei $b - a = n + 1$ mit $n \in \mathbb{N}$. Nach Induktionsvoraussetzung ist, setzt man $q := \left\lfloor \frac{f(a)+nl}{c} \right\rfloor \in \mathbb{Z}$,

$$f(a) + nl = qc + f(a+n),$$
(16.20.⋆) $$f(a) + (n+1)l = qc + (f(a+n) + l).$$

Falls $f(a+n) + l < c$ ist, besagt Gleichung (16.20.⋆)

$$(f(a) + (n+1)l) \bmod c = f(a+n) + l = f(a+n+1) = f(b),$$

und wir sind fertig.

Falls hingegen $c \le f(a+n) + l$ ist, haben wir

$$0 \le f(a+n) + l - c = f(a+n+1) < l,$$

und aus (16.20.⋆) folgt

$$f(a) + (n+1)l = (q+1)c + (f(a+n) + l - c),$$
$$= (q+1)c + f(a+n+1),$$

was besagt

$$(f(a) + (n+1)l) \bmod c = f(a+n+1) = f(b),$$

und wir sind ebenfalls fertig.

Nun zum Fall $a > b$. Nach dem bereits bewiesenen Fall ist

$$f(a) = (f(b) + (a-b)l) \bmod c,$$

mit $q := \left\lfloor \frac{f(b)+(a-b)l}{c} \right\rfloor$, also $f(b)+(a-b)l = qc+f(a)$, mithin $f(a)+(b-a)l = (-q)c+f(b)$ und es ist alles bewiesen.

zu (16.20.ii). Für $n \in \mathbb{Z}$ setzen wir $f(n) := (\alpha + ln) \bmod c$ und es ist

$$\alpha + ln = c \underbrace{\left\lfloor \frac{\alpha + ln}{c} \right\rfloor}_{q_n} + f(n)$$

$$\alpha + l(n+1) = cq_n + (f(n) + l).$$

1. *Fall* $f(n) + l < c$. Dann ist $f(n+1) = (\alpha + l(n+1)) \bmod c = f(n) + l$.

2. *Fall* $c \leq f(n) + l$. Dann ist einerseits $0 \leq f(n) + l - c$ und andererseits folgt aus $f(n) < c$ sofort $f(n) + l - c < l$ und wir sind fertig. $\square$

16.21 Korollar. *Seien die c-l-Epaktenfunktionen f und g sowie $y \in \mathbb{Z}$ gegeben. Dann ist $f = g \Leftrightarrow f(y) = f(y)$.*

Beweis. Mit $f = g$ ist offenbar $f(y) = g(y)$; es sei nun umgekehrt $f(y) = g(y)$ und $n \in \mathbb{Z}$ beliebig. Dann gilt

$$f(n) = (f(y) + (n-y)l) \bmod c = (g(y) + (n-y)l) \bmod c = g(n). \quad \square$$

16.22 Korollar (Epaktenkonstruktion). *Seien $l, c \in \mathbb{N}$ mit $0 < l < c$, $y \in \mathbb{Z}$ und $a \in [0, c-1] \cap \mathbb{Z}$. Dann ist*

$$\mathbb{Z} \ni n \mapsto (a + (n-y)l) \bmod c \in [0, c-1] \cap \mathbb{Z}$$

die c-l-Epaktenfunktion mit $y \mapsto a$.

Beweis. Die Behauptung folgt sofort aus Satz 16.20 und dem vorhergehenden Korollar. $\square$

16.23 Satz. *Sei (c, l, Δ) eine Schaltkonstellation. Dann ist*

$$\mathbb{Z} \ni y \xrightarrow{f} (y + \Delta)\, l \bmod c \in [0, c-1] \cap \mathbb{Z}$$

die Epaktenfunktion mit $0 \mapsto \Delta l \bmod c$; wir nennen sie die der Schaltkonstellation zugehörige oder einfach die Epaktenfunktion der Konstellation und bezeichnen sie mit $E_{(c,l,\Delta)}$.

Beweis. Wir haben $f(n) = (y+\Delta)l \bmod c = (yl+\Delta l) \bmod c$ und für geeignete $q, q' \in \mathbb{Z}$

$$yl + \Delta l = qc + ((yl + \Delta l) \bmod c)$$
$$\Delta l = q'c + (\Delta l \bmod c)$$
$$yl + (\Delta l \bmod c) = (q - q')c + (yl + \Delta l) \bmod c,$$

insgesamt also $(yl+\Delta l) \bmod c = (yl + (\Delta l \bmod c)) \bmod c$ und die Behauptung folgt aus dem obigen Korollar. $\square$

16.24 Satz (Konstruktion einer Schaltkonstellation). *Seien l, $c \in \mathbb{N}$ mit $0 < l < c$ und $\mathrm{ggT}(l,c) = 1 = ul + vc$ für geeignete u, $v \in \mathbb{Z}$.*

Sind dann $y \in \mathbb{Z}$ und $a \in [0, c-1] \cap \mathbb{Z}$, so ist die Epaktenfunktion $y \mapsto a$ jene der primitiven Schaltkonstellation (c, l, Δ) mit $\Delta := (a - yl)u \bmod c$.

Beweis. Wir bezeichnen mit

$$y \overset{g}{\mapsto} a \qquad \text{die gegebene Epaktenfunktion und mit}$$

$$0 \overset{f}{\mapsto} \Delta l \bmod c \quad \text{die Epaktenfunktion der Konstellation.}$$

Es ist $g(0) = (a - yl) \bmod c$, so daß es reicht zu zeigen

$$\Delta l \equiv a - yl \qquad (\bmod\ c).$$

Es ist

$$
\begin{aligned}
\Delta &\equiv (a - yl)u &&(\bmod\ c)\\
1 &\equiv ul &&(\bmod\ c)\\
\Delta l &\equiv (a - yl)ul &&(\bmod\ c)\\
\Delta l &\equiv a - yl &&(\bmod\ c). \qquad \square
\end{aligned}
$$

16.25 Korollar. *Seien l, $c \in \mathbb{N}$ mit $0 < l < c$ und $\mathrm{ggT}(l,c) = 1$ sowie $y \in \mathbb{Z}$. Dann gehört die Epaktenfunktion $y \mapsto l$ zu der primitiven Schaltkonstellation (c, l, Δ) mit $\Delta = (1 - y) \bmod c$.*

Beweis. Auf Grund des Satzes 16.24 gehört die gegebenen Epaktenfunktion zu einer Schaltkonstellation, etwa (c, l, Δ); es reicht damit $\Delta \equiv 1 - y \ (\bmod\ c)$ zu zeigen. Es ist $(y + \Delta)l \equiv l \ (\bmod\ c)$ nach 16.23. Da l und c teilerfremd sind, dürfen wir l kürzen, d.h. $y + \Delta \equiv 1 \ (\bmod\ c)$, woraus die Behauptung sofort folgt. $\square$

16.26 Bemerkung. Die Voraussetzung $\mathrm{ggT}(l,c) = 1$ in Satz 16.24 ist keine Einschränkung der Allgemeinheit, da wegen des Erweiterungslemmas 16.8 die Äquivalenz

$$(c, l, \Delta) \equiv \left(\frac{c}{\mathrm{ggT}(c,l)}, \frac{l}{\mathrm{ggT}(c,l)}, \Delta \right)$$

gilt. $\square$

16.4 Die Mediantenschaltsätze

Die drei folgenden Mediantenschaltsätze geben an, wie sich die Schaltjahre einer Mediantenkonstellation aus denen ihrer Eltern berechnen; sie alle wurden beim Suchen nach Beweisen erkannt, formuliert und ihrerseits bewiesen. So ergab sich Satz 16.27 im Zusammenhang mit den lokal übereinstimmenden Schaltjahren des regulären Epaktenzyklus mit solchen des *Meton*ischen Zirkels auf S. 43, und die beiden anderen Mediantenschaltsätze ergaben sich beim Beweisen des Satzes 18.3; die Beweise aller Mediantenschaltsätze benutzen wesentlich den Mediantenabstandssatz 15.22.

16.27 Satz (1. Mediantenschaltsatz). *Es seien* $(c, l, 0)$ *und* $(c', l', 0)$
Schaltkonstellationen mit $c'l - cl' = 1$ *und damit insbesondere* $\frac{c}{l} < \frac{c'}{l'}$. *Dann
gilt*

$$
\left\lceil k \frac{c + c'}{l + l'} \right\rceil = \begin{cases} \left\lceil k \frac{c}{l} \right\rceil + 1 & k \neq 0 \ und \ k \bmod l = 0 \\[2ex] \left\lceil k \frac{c}{l} \right\rceil & k = 0 \ oder \ k \bmod l \neq 0 \end{cases}
$$

für alle $k \in [0, l + l' - 1] \cap \mathbb{Z}$.

Beweis. Sei $k \in [0, l + l' - 1] \cap \mathbb{Z}$ gegeben. Die Behauptung ist klar für $k = 0$,
so daß wir ab sofort $k > 0$ voraussetzen. Es ist

$$
\lambda_k \overset{(16.14.\text{ii})}{=} \left\lceil k \frac{c}{l} \right\rceil
$$

und

(16.27.$\star$)
$$
k \frac{c + c'}{l + l'} \overset{15.22}{=} k \frac{c}{l} + \frac{k}{l(l + l')} = k \frac{c}{l} + \overbrace{\frac{1}{l}}^{< \frac{1}{l} < 1} \underbrace{\frac{k}{l + l'}}_{< 1},
$$

und es gibt $q, r \in \mathbb{Z}$ mit

$$
kc = ql + r, \quad 0 \leq r < l
$$

und damit

$$
k \frac{c}{l} = q + \frac{r}{l}, \quad 0 \leq \frac{r}{l} \leq \frac{l - 1}{l}.
$$

Es ist $r = 0$ genau dann, wenn l das Produkt kc teilt; da aber l und c
teilerfremd sind, tritt dies dann und nur dann ein, wenn l Teiler von k, sprich
$k \bmod l = 0$ ist. In diesem Fall ist $\left\lceil k \frac{c}{l} \right\rceil = k \frac{c}{l}$, wegen (16.27.$\star$) also $\left\lceil k \frac{c+c'}{l+l'} \right\rceil = \left\lceil k \frac{c}{l} \right\rceil + 1$.

Für $k \bmod l \neq 0$ erhalten wir

$$
q < k \frac{c + c'}{l + l'} = q + \frac{r}{l} + \frac{k}{l(l + l')} \leq q + \frac{l - 1}{l} + \frac{k}{l(l + l')}
$$

$$
\leq q + \frac{l - 1}{l} + \overbrace{\frac{1}{l}}^{< \frac{1}{l}} \underbrace{\frac{k}{l + l'}}_{< 1} < q + 1
$$

und schließlich

$$
\left\lceil k \frac{c + c'}{l + l'} \right\rceil = q + 1 = \left\lceil k \frac{c}{l} \right\rceil,
$$

womit alles bewiesen ist. $\qquad\square$

16.28 Satz (2. Mediantenschaltsatz). *Es seien* $(c, l, 0)$ *und* $(c', l', 0)$ *Schaltkonstellationen mit* $c'l - cl' = 1$ *und damit insbesondere* $\frac{c}{l} < \frac{c'}{l'}$. *Dann gilt*

$$\left\lceil k\frac{c + c'}{l + l'} \right\rceil = \left\lceil k\frac{c'}{l'} \right\rceil$$

für alle $k \in [0,\, l + l' - 1] \cap \mathbb{Z}$.

Beweis. Sei $k \in [0,\, l + l' - 1] \cap \mathbb{Z}$ gegeben. Die Behauptung ist klar für $k = 0$, so daß wir ab sofort $k > 0$ voraussetzen. Es ist

$$k\frac{c + c'}{l + l'} \overset{15.22}{=} k\frac{c'}{l'} - \frac{k}{l'(l + l')}$$

und wir schätzen ab

$$\frac{1}{l'(l + l')} \leq \frac{k}{l'(l + l')} \leq \frac{l + l' - 1}{l'(l + l')} = \overbrace{\frac{1}{l'}}^{< \frac{1}{l'}} \cdot \underbrace{\frac{l + l' - 1}{l + l'}}_{<1} < 1$$

$$0 < \frac{1}{l'(l + l')} \leq \frac{k}{l'(l + l')} < \frac{1}{l'}$$

$$(16.28.\star) \qquad -\frac{1}{l'} < -\frac{k}{l'(l + l')} \leq -\frac{1}{l'(l + l')}$$

$$0 < \frac{l' - 1}{l'} = \frac{l'}{l'} - \frac{1}{l'} < \frac{l'}{l'} - \frac{k}{l'(l + l')} < \frac{l'}{l'} - \frac{1}{l'(l + l')}$$

$$= \frac{l'(l + l') - 1}{l'(l + l')} < 1$$

$$(16.28.\overset{\star}{\star}) \qquad 0 < \frac{l'}{l'} - \frac{k}{l'(l + l')} < 1.$$

Es gibt $q, r \in \mathbb{Z}$ mit

$$kc' = ql' + r, \quad 0 \leq r < l'$$

und damit

$$(16.28.\overset{\star\star}{\star}) \qquad k\frac{c'}{l'} = q + \frac{r}{l'}, \quad 0 \leq \frac{r}{l'} \leq \frac{l' - 1}{l'},$$

sowie

$$(16.28.\overset{\star\star}{\star\star}) \qquad k\frac{c + c'}{l + l'} = q + \frac{r}{l'} - \frac{k}{l'(l + l')}.$$

1. Fall $r = 0$. Dann ist

$$k\frac{c + c'}{l + l'} = q - 1 + \underbrace{\frac{l'}{l'} - \frac{k}{l'(l + l')}}_{\vartheta},$$

mit $0 < \vartheta < 1$ wegen $(16.28.^{\star}_{\star})$ und es folgt

$$\left\lceil k\frac{c+c'}{l+l'} \right\rceil = q \stackrel{(16.28.^{\star\star}_{\star})}{=} \left\lceil k\frac{c'}{l'} \right\rceil .$$

2. Fall $r > 0$. Dann ist

$$\frac{1}{l'} < \frac{r}{l'} \leq \frac{l'-1}{l'},$$

das Addieren von $(16.28.\star)$ ergibt

$$0 = \frac{1}{l'} - \frac{1}{l'} < \frac{r}{l'} - \frac{k}{l'(l+l')} < \frac{l'-1}{l'} - \frac{1}{l'(l+l')}$$

$$= \frac{l'(l+l') - (l+l')}{l'(l+l')} < 1,$$

so daß $(16.28.^{\star\star}_{\star})$ und $(16.28.^{\star\star}_{\star\star})$ zu

$$\left\lceil k\frac{c+c'}{l+l'} \right\rceil = q+1 = \left\lceil k\frac{c'}{l'} \right\rceil$$

führen, und es ist alles bewiesen. □

16.29 Satz (3. Mediantenschaltsatz). *Es seien $(c,l,0)$ und $(c',l',0)$ Schaltkonstellationen mit $c'l - cl' = 1$ und damit insbesondere $\frac{c}{l} < \frac{c'}{l'}$. Dann gilt*

$$\left\lceil k\frac{c}{l} \right\rceil + c' = \left\lceil (k+l')\frac{c+c'}{l+l'} \right\rceil$$

für alle $k \in [0,\, l-1] \cap \mathbb{Z}$.

Beweis. Nach dem Mediantenabstandssatz 15.22 ist

$$(k+l')\frac{c+c'}{l+l'} = (k+l')\frac{c}{l} + \frac{k+l'}{l(l+l')},$$

$$= k\frac{c}{l} + l'\frac{c}{l} + \frac{k+l'}{l(l+l')},$$

$$= k\frac{c}{l} + c' - \frac{1}{l} + \frac{k+l'}{l(l+l')},$$

$$= c' + k\frac{c}{l} + \frac{k+l' - (l+l')}{l(l+l')},$$

$$(16.29.\star) \qquad (k+l')\frac{c+c'}{l+l'} = c' + k\frac{c}{l} + \frac{k-l}{l(l+l')}.$$

Wir schätzen ab:

$$0 \qquad \leq k \qquad \leq l - 1,$$

$$\frac{-l}{l(l + l')} \; \leq \; \frac{k - l}{l(l + l')} \; \leq \; \frac{-1}{l(l + l')},$$

$(16.29.^\star_\star)$
$$\frac{-1}{l + l'} \; \leq \; \frac{k - l}{l(l + l')} \; \leq \; \frac{-1}{l(l + l')}.$$

1. Fall $k = 0$. Dann ist

$$\left\lceil k \frac{c}{l} \right\rceil + c' = c'$$

und

$$(k + l') \frac{c + c'}{l + l'} = c' - \frac{1}{l(l + l')}.$$

Ferner haben wir

$$c' \geq 2 \text{ und } -1 < \frac{-1}{2} \leq \frac{-1}{l(l + l')} < 0,$$

mithin

$$c' - 1 < c' - \frac{1}{l(l + l')} < c'$$

und schließlich

$$\left\lceil (k + l') \frac{c + c'}{l + l'} \right\rceil = c'.$$

2. Fall $k \geq 1$. Dann ist $1 \leq k \leq l-1$, $2 \leq l$ und es gibt nach dem Euklidischen Algorithmus $q, r \in \mathbb{Z}$ derart, daß $kc = ql + r$, wobei $0 < r < l$; $r = 0$ kann nicht eintreten, da dann l Teiler von k wäre, etwa $k = lm \leq l-1$ für geeignetes ganzzahliges $m \geq 1$ und es ergäbe sich der Widerspruch $m \leq \frac{l-1}{l} < 1$.

Wir erhalten

$$k \frac{c}{l} = q + \frac{r}{l}$$

mit

$$0 < \frac{1}{l} \leq \frac{r}{l} \leq \frac{l - 1}{l} < 1,$$

woraus ebenso

$$\left\lceil k \frac{c}{l} \right\rceil + c' = q + 1 + c'$$

folgt, wie wegen $(16.29.\star)$ und $(16.29.^\star_\star)$ auch

$$\left\lceil (k + l') \frac{c + c'}{l + l'} \right\rceil = q + 1 + c',$$

erhält man doch $(k + l') \frac{c+c'}{l+l'}$, indem man weniger als $\frac{1}{l}$ von $c' + k \frac{c}{l}$ subtrahiert. $\qquad \square$

Bisher betrachteten wir Jahre als ungeteilt, als Atome, wovon wir jetzt abgehen.

16.30 Definition. Ein Jahr wird in Einheiten, etwa Tage oder Monate, gegliedert, wobei ein Gemeinjahr $L \in \mathbb{N}$ und ein Schaltjahr $L + 1$ Einheiten enthalte; der Anschaulichkeit wegen sprechen wir aber nur von Tagen.

Ist (c, l, Δ) eine Schaltkonstellation, so ist

$$\bar{L} = \frac{cL + l}{c}$$

ihre durchschnittliche Tagesanzahl, offensichtlich enthalten je c aufeinander folgende Jahre genau $c\bar{L}$ Tage.

Gegliederte Jahre zählen wir von 1 an aufsteigend, die Tage von 0 an aufsteigend. □

16.31 Bemerkung. Die Gliederung eines Jahres gemäß Definition 16.30 sei ab sofort Generalvoraussetzung. □

16.32 Satz (Tageszahlsatz). *Die Jahre $1, \ldots, y$ einer Schaltkonstellation (c, l, Δ) enthalten n Tage, wobei gilt*

(16.32.i)
$$n = \left\lfloor \frac{ly + (\Delta l \bmod c)}{c} \right\rfloor + Ly.$$

Für $\Delta = 0$ ist

(16.32.ii)
$$n = \lfloor (y - 1)\bar{L} \rfloor$$

der erste Tag des Jahres y; ist umgekehrt ein Tag $n \geq 0$ gegeben, so liegt er im Jahre

(16.32.iii)
$$y = \left\lceil \frac{n + 1}{\bar{L}} \right\rceil .$$

Im allgemeinen Fall ist

(16.32.iv)
$$y = \left\lceil \frac{cn + c - (l\Delta \bmod c)}{cL + l} \right\rceil$$
$$= \left\lfloor \frac{cn + cL + l - 1 + c - (l\Delta \bmod c)}{cL + l} \right\rfloor$$

das Jahr, in dem der Tag n liegt.

Beweis. zu (16.32.i). Man wende (16.16.ii) an.

  zu (16.32.ii). Nach (16.32.i) ist

$$n = L(y - 1) + \underbrace{\left\lfloor \frac{l(y - 1)}{c} \right\rfloor}_{m} = \left\lfloor L(y - 1) + \frac{l(y - 1)}{c} \right\rfloor ,$$

woraus man folgende Ungleichungen erhält:

$$m \le (y-1)\frac{l}{c} < m+1$$

$$(y-1)L + m \le (y-1)\frac{l}{c} + (y-1)L < m+1 + (y-1)L$$

$$n = (y-1)L + m \le (y-1)\underbrace{\frac{cL+l}{c}}_{\bar{L}} < m + (y-1)L + 1 = n+1,$$

und es ist alles bewiesen.

zu (16.32.iii). Der Tag n liegt genau dann im Jahre y, wenn er nicht vor dessen erstem Tag liegt, wohl aber vor dem ersten Tag des Jahres $y+1$; wegen (16.32.ii) ist dies genau dann der Fall, wenn die Ungleichungen

$$\lfloor (y-1)\bar{L} \rfloor \le n < \lfloor y\bar{L} \rfloor$$

gelten, die wir äquivalent umformen. Es ist nämlich

$$\lfloor (y-1)\bar{L} \rfloor \le n \iff (y-1)\bar{L} - 1 < n \qquad \text{wegen (15.12.ix) und}$$
$$n < \lfloor y\bar{L} \rfloor \iff n \le y\bar{L} - 1 \qquad \text{wegen (15.12.x)}$$

und damit erhalten wir

$$(y-1)\bar{L} - 1 < n \qquad \le y\bar{L} - 1$$
$$(y-1)\bar{L} < n+1 \qquad \le y\bar{L}$$
$$(y-1)c\bar{L} < (n+1)c \le yc\bar{L}$$
$$y-1 < \frac{n+1}{\bar{\bar{L}}} \qquad \le y,$$

und es ist alles bewiesen.

zu (16.32.iv). Es reicht, die Behauptung auf die Jahre $1+\Delta, \ldots, y+\Delta$ der Schaltkonstellation $(c, l, 0)$ zurückzuführen; die Tagesnummer n muß dabei um die Zahl der Tage der Jahre $1, \ldots, \Delta$ erhöht werden, da die Tage ab dem Jahre 1 zu zählen sind; Aussage (16.16.i) ergibt für die nämliche Anzahl $\Delta L + \lfloor \frac{\Delta l}{c} \rfloor$, und mittels (16.32.iii) erhalten wir

$$y + \Delta = \left\lceil \frac{n + 1 + \Delta L + \lfloor \frac{\Delta l}{c} \rfloor}{\bar{L}} \right\rceil$$

für das verschobene Jahr y, in welches der Tag n fällt und schließen auf

$$y - 1 < Q := \frac{n + 1 + \Delta L + \lfloor \frac{\Delta l}{c} \rfloor - \bar{L}\Delta}{\bar{L}} \le y,$$

womit die Gleichungen

$$Q = \frac{cn + c + \Delta Lc + \left\lfloor \frac{\Delta l}{c} \right\rfloor c - \Delta(cL + l)}{cL + l}$$

$$= \frac{cn + c + \left\lfloor \frac{\Delta l}{c} \right\rfloor c - \Delta l}{cL + l}$$

$$= \frac{cn + c - (\Delta l \bmod c)}{cL + l}$$

die erste behauptete Gleichung beweisen; aus ihr folgt die zweite mittels Aussage (15.12.xiii). □

17 Kalenderregelfreie Anwendungen der Kapitel 15 und 16

Dieser Abschnitt stellt benötigte Anwendungen der modularen Arithmetik und des Schaltkalküls zusammen, deren Beweise keine Kalenderregeln benötigten.

17.1 Lemma. *Für alle y_1, $y_2 \in \mathbb{Z}$ gilt*

(17.1.i) $y_1 + 11 \equiv y_2 \pmod{30} \Leftrightarrow (11y_1 + 1) \bmod 30 = (11y_2) \bmod 30$

(17.1.ii) $y_1 + 19 \equiv y_2 \pmod{30} \Leftrightarrow (11y_1 - 1) \bmod 30 = (11y_2) \bmod 30$

(17.1.iii) $y_1 + 11 \equiv y_2 \pmod{30} \Leftrightarrow (19y_1 - 1) \bmod 30 = (19y_2) \bmod 30$

(17.1.iv) $y_1 + 19 \equiv y_2 \pmod{30} \Leftrightarrow (19y_1 + 1) \bmod 30 = (19y_2) \bmod 30.$

Beweis. Es gilt

(17.1.⋆) $$11 \cdot 19 \equiv 29 \equiv -1 \pmod{30}$$

und

(17.1.$^\star_\star$) $$19^2 \equiv 1 \pmod{30}.$$

zu (17.1.i). „$\Rightarrow$" Es ergeben sich die Kongruenzen

$$y_1 + 11 \equiv y_2 \pmod{30}$$
$$11y_1 + 11^2 \equiv 11y_2 \pmod{30}$$
$$11y_1 + 1 \equiv 11y_2 \pmod{30} \quad \text{wegen (B.5).}$$

„$\Rightarrow$" Es ergeben sich die Kongruenzen

$$11y_2 \equiv 11y_1 + 1 \pmod{30}$$
$$11(y_2 - y_1) \equiv 1 \pmod{30}$$
$$11(y_2 - y_1) \equiv 11^2 \pmod{30} \quad \text{wegen (B.5),}$$

was zu der Teilbarkeitsbeziehung $30 \mid 11(y_2 - y_1 - 11)$ führt; aus (B.5) folgt damit $30 \mid (y_2 - y_1 - 11)$, was nichts anderes bedeutet als $y_2 \equiv y_1 + 11 \pmod{30}$.

zu (17.1.ii). „$\Rightarrow$" Es ergeben sich die Kongruenzen

$$y_1 + 19 \equiv y_2 \pmod{30}$$

$$11y_1 + 11 \cdot 19 \equiv 11y_2 \qquad (\text{mod } 30)$$
$$11y_1 - 1 \equiv 11y_2 \qquad (\text{mod } 30) \quad \text{wegen } (17.1.\star).$$

„⇐ " Es ergeben sich die Kongruenzen

$$11y_1 - 1 \equiv 11y_2 \qquad (\text{mod } 30)$$
$$11y_1 + 11 \cdot 19 \equiv 11y_2 \qquad (\text{mod } 30) \quad \text{wegen } (17.1.\star)$$
$$11(y_1 + 19) \equiv 11y_2 \qquad (\text{mod } 30)$$
$$y_1 + 19 \equiv y_2 \qquad (\text{mod } 30) \quad \text{wegen Teilbarkeit wie oben}$$

zu (17.1.iii) „⇒ " Es ergeben sich die Kongruenzen

$$y_1 + 11 \equiv y_2 \qquad (\text{mod } 30)$$
$$19y_1 + 19 \cdot 11 \equiv 19y_2 \qquad (\text{mod } 30)$$
$$19y_1 - 1 \equiv 19y_2 \qquad (\text{mod } 30) \quad \text{wegen } (17.1.\star).$$

„⇐ " Es ergeben sich die Kongruenzen

$$19y_1 - 1 \equiv 19y_2 \qquad (\text{mod } 30)$$
$$19(y_1 - y_2) \equiv 1 \qquad (\text{mod } 30)$$
$$19(y_1 - y_2) \equiv 19(-11) \qquad (\text{mod } 30) \quad \text{wegen (B.6)}$$
$$y_1 - y_2 \equiv -11 \qquad (\text{mod } 30) \quad \text{wegen Teilbarkeit wie oben}$$
$$y_1 + 11 \equiv y_2 \qquad (\text{mod } 30).$$

zu (17.1.iv) „⇒ " Es ergeben sich die Kongruenzen

$$y_1 + 19 \equiv y_2 \qquad (\text{mod } 30)$$
$$19y_1 + 19^2 \equiv 19y_2 \qquad (\text{mod } 30)$$
$$19y_1 + 1 \equiv 19y_2, \qquad (\text{mod } 30) \quad \text{wegen } (17.1.^{\star}_{\star}).$$

„⇐ " Es ergeben sich die Kongruenzen

$$19y_1 + 1 \equiv 19y_2 \qquad (\text{mod } 30)$$
$$19y_1 + 19^2 \equiv 19y_2 \qquad (\text{mod } 30) \quad \text{wegen } (17.1.^{\star}_{\star})$$
$$19(y_1 + 19) \equiv 19y_2 \qquad (\text{mod } 30) \quad \text{wegen Teilbarkeit wie oben}$$
$$y_1 + 19 \equiv y_2 \qquad (\text{mod } 30). \quad \square$$

17.2 Satz. *Sei* $y \in [1, 30] \cap \mathbb{Z}$. *Setzt man*

$$S_y = \left| {}^{30}_{11}\mathbb{L}_0 \cap [y, y + 18] \cap \mathbb{Z} \right|, \text{ so ist } S_y = \begin{cases} 6 & \text{für } y = 1, \\ 7 & \text{sonst.} \end{cases}$$

Beweis. Falls $y = 1$, so folgt aus (16.16.i)

$$S_y = \left\lfloor \frac{11 \cdot 19}{30} \right\rfloor = \left\lfloor \frac{209}{30} \right\rfloor = 6.$$

Sei also $y > 1$. Dann ist, ebenfalls nach (16.16.i),

$$S_y = \left\lfloor \frac{11(y+18)}{30} \right\rfloor - \left\lfloor \frac{11(y-1)}{30} \right\rfloor.$$

Setzen wir

$$q = \left\lfloor \frac{11(y-1)}{30} \right\rfloor, \ r = (11(y-1)) \bmod 30,$$

so ist $11(y-1) = 30q + r$ mit $0 \leq r < 30$; falls $r = 0$ wäre, so folgte $30 \mid 11(y-1)$ und wegen (B.5) hätten wir $30 \mid (y-1)$, was zusammen mit $0 \leq y - 1 \leq 29$ die Gleichung $y - 1 = 0$ ergäbe, mithin $y = 1$ im Widerspruch zur Voraussetzung. Also ist $0 < r < 30$ und wir argumentieren weiter $11y = 30q + (11 + r)$, damit $11(y+18) = 30q + (11 \cdot 18 + 11 + r) = 30q + 19 \cdot 11 + r = 30q + 30 \cdot 6 + 29 + r = 30(q + 6) + (29 + r)$. Wir schätzen ab:

$$0 < r < 30$$
$$29 < 29 + r < 29 + 30$$
$$30 \leq 29 + r < 29 + 30$$
$$0 \leq 29 + r - 30 < 29$$

und erhalten

$$11(y+18) = 30(q + 7) + (29 + r - 30),$$

womit alles bewiesen ist. $\qquad\qquad\qquad\qquad\qquad\qquad\qquad\qquad$ $\square$

17.3 Lemma.

Für jedes $m \in \mathbb{N}$ gilt

(17.3.i)
$$\left\lfloor \frac{(c+25m) - \left\lfloor \frac{(c+25m)+8}{25} \right\rfloor + 1}{3} \right\rfloor = \left\lfloor \frac{c - \left\lfloor \frac{c+8}{25} \right\rfloor + 1}{3} \right\rfloor + 8m.$$

(17.3.ii)
$$\left\lfloor \frac{(18+24) - \left\lfloor \frac{(18+24)+8}{25} \right\rfloor + 1}{3} \right\rfloor = \left\lfloor \frac{18 - \left\lfloor \frac{18+8}{25} \right\rfloor + 1}{3} \right\rfloor + 7.$$

Für jedes $n \in \mathbb{N}$ mit $0 \leq n < 24$ gilt

(17.3.iii)
$$\left\lfloor \frac{(18+n) - \left\lfloor \frac{(18+n)+8}{25} \right\rfloor + 1}{3} \right\rfloor = \left\lfloor \frac{18 - \left\lfloor \frac{18+8}{25} \right\rfloor + 1}{3} \right\rfloor + \left\lfloor \frac{n}{3} \right\rfloor.$$

Für jedes $m \in \mathbb{N}$ gilt

(17.3.iv)
$$\left\lfloor \frac{(c+25m) - 15 - \left\lfloor \frac{(c+25m)-17}{25} \right\rfloor}{3} \right\rfloor = \left\lfloor \frac{c - 15 - \left\lfloor \frac{c-17}{25} \right\rfloor}{3} \right\rfloor + 8m.$$

(17.3.v)
$$\left\lfloor \frac{(18+24) - 15 - \left\lfloor \frac{(18+24)-17}{25} \right\rfloor}{3} \right\rfloor = \left\lfloor \frac{18 - 15 - \left\lfloor \frac{18-17}{25} \right\rfloor}{3} \right\rfloor + 7.$$

Für $n \in \mathbb{N}$ mit $0 \leq n < 24$ ist

(17.3.vi)
$$\left\lfloor \frac{(18+n) - 15 - \left\lfloor \frac{(18+n)-17}{25} \right\rfloor}{3} \right\rfloor = \left\lfloor \frac{18 - 15 - \left\lfloor \frac{18-17}{25} \right\rfloor}{3} \right\rfloor + \left\lfloor \frac{n}{3} \right\rfloor.$$

Beweis. Ohne es weiter zu erwähnen, nutzen wir aus, daß ganze Zahlen aus der *Gauß*-Klammer herausgezogen werden können.

zu (17.3.i).

$$\left\lfloor \frac{(c+25m) - \left\lfloor \frac{(c+25m)+8}{25} \right\rfloor + 1}{3} \right\rfloor = \left\lfloor \frac{c + 25m - m - \left\lfloor \frac{c+8}{25} \right\rfloor + 1}{3} \right\rfloor$$

$$= \left\lfloor \frac{c + 24m - \left\lfloor \frac{c+8}{25} \right\rfloor + 1}{3} \right\rfloor$$

$$= \left\lfloor \frac{c - \left\lfloor \dfrac{c+8}{25} \right\rfloor + 1}{3} \right\rfloor + 8m.$$

zu (17.3.ii). Man rechne geduldig nach.

zu (17.3.iii). Zunächst rechnen wir:

$$\left\lfloor \frac{18+8}{25} \right\rfloor = \left\lfloor \frac{26}{25} \right\rfloor = \left\lfloor 1 + \frac{1}{25} \right\rfloor = 1 \text{ und } \left\lfloor \frac{18 - \left\lfloor \dfrac{18+8}{25} \right\rfloor + 1}{3} \right\rfloor = \left\lfloor \frac{18}{3} \right\rfloor = 6.$$

Nun sei

$$n = \underbrace{\left\lfloor \frac{n}{3} \right\rfloor}_{q} 3 + \underbrace{n \bmod 3}_{r} \text{ mit } 0 \le q \le 7 \text{ und } 0 \le r < 3.$$

und wir schätzen ab

$$26 = 18 + 8 \le (18 + n) + 8 < 26 + 24 = 50$$
$$1 = \left\lfloor \frac{26}{26} \right\rfloor < \frac{26}{26} \le \frac{(18+n)+8}{25} < 2,$$

also

$$\left\lfloor \frac{(18+n)+8}{25} \right\rfloor = 1 = \left\lfloor \frac{18+8}{25} \right\rfloor.$$

Zusammen erhalten wir

$$\left\lfloor \frac{(18+n) - \left\lfloor \dfrac{(18+n)+8}{25} \right\rfloor + 1}{3} \right\rfloor = \left\lfloor \frac{18 + r - \left\lfloor \dfrac{18+8}{25} \right\rfloor + 1}{3} \right\rfloor + q$$

$$= \left\lfloor \underbrace{\frac{18 - \left\lfloor \dfrac{18+8}{25} \right\rfloor + 1}{3}}_{6} + \frac{r}{6} \right\rfloor + q$$

$$= \frac{18 - \left\lfloor \dfrac{18+8}{25} \right\rfloor + 1}{3} + \left\lfloor \frac{r}{6} \right\rfloor + q$$

$$= \frac{18 - \left\lfloor \dfrac{18+8}{25} \right\rfloor + 1}{3} + \left\lfloor \frac{n}{3} \right\rfloor$$

und es ist alles bewiesen.

zu (17.3.iv).

$$\left\lfloor \frac{(c+25m)-15-\left\lfloor \dfrac{(c+25m)-17}{25}\right\rfloor}{3}\right\rfloor = \left\lfloor \frac{(c+25m)-15-\left(\left\lfloor \dfrac{c-17}{25}\right\rfloor + m\right)}{3}\right\rfloor$$

$$= \left\lfloor \frac{(c+24m)-15-\left\lfloor \dfrac{c-17}{25}\right\rfloor}{3}\right\rfloor$$

$$= \left\lfloor \frac{c-\left\lfloor \dfrac{c-17}{25}\right\rfloor}{3}\right\rfloor + 8m.$$

zu (17.3.v). Man rechne geduldig nach.

zu (17.3.vi). Es ist

$$n = \underbrace{\left\lfloor \frac{n}{3}\right\rfloor}_{q} 3 + \underbrace{n \bmod 3}_{r}$$

mit $0 \le q \le 7$ und $0 \le r < 3$, folglich

$$\left\lfloor \frac{18-17}{25}\right\rfloor = 0 = \left\lfloor \frac{(18+n)-17}{25}\right\rfloor,$$

mithin

$$\frac{18+3q+r-15}{3} = \frac{18-15}{3} + q + \frac{r}{3},$$

also

$$\left\lfloor \frac{18+3q+r-15}{3}\right\rfloor = \left\lfloor \frac{18-15}{3}\right\rfloor + \left\lfloor \frac{n}{3}\right\rfloor,$$

und es ist alles bewiesen. □

18 Das Numerieren von Monaten, Lunationen und Tagen

18.1 Das Numerieren der Sonnenmonate

Die 31-tägigen Monate sollen dabei durch Schaltjahre – synonym zu Schalt-zahl –, die 30-tägigen hingegen durch Gemeinjahre modelliert werden; der 28 oder 29 Tage dauernde Monat Februar wird dabei als Gemeinjahr aufgefaßt.

Unsere Überlegungen basieren auf [28], Kapitel 2 und 3, d.h. den Ausführungen zum Gregorianischen und Julianische Kalender. [1]

Wir gehen von heuristischen Überlegungen aus, die wir mittels Durchrechnens von vermuteten Schaltkonstellationen erhärten, um so gesetzmäßige Muster in dem Aufeinanderfolgen von Schalt- und Gemeinjahren zu erkennen und anschließend zu beweisen. Wir versuchen den Ansatz, den Monaten Januar bis Dezember bei ihrer Modellierung im Schaltkalkül ihre traditionellen Nummern zu belassen. Tafel 18.1 stellt die Ausgangssituation und die Aufgabe dar: es ist eine Schaltkonstellation (c, l, Δ) derart zu finden, daß

$$_l^c\mathbb{L}_\Delta \cap [1,\, 12] \cap \mathbb{Z} = \{1, 3, 5, 7, 8, 10, 12\}$$

ist; beim Anwenden der Konstellation z.B in Satz 18.4 muß die hier angenommene feste Länge des Monats Februar von 30 Tagen berücksichtigt werden.

Auf Tafel 18.1 fällt der Schaltjahrzwilling $(7, 8)$ ins Auge, man vermutet 4 Schaltjahre verteilt auf 7 Jahre: Die Monatsfolge eines Kalenderjahres bestünde dann aus einem vollen und einem angefangenen Zyklus und man rechnet

---

[1] Auch in [30] wurden Algorithmen zu Numerierung der Kalendertage veröffentlicht, die in [20] unabhängig vom Schaltkalkül bewiesen und erweitert wurden.

Monat	I	II	III	IV	V	VI	VII	VIII	IX	X	XI	XII
y	1	2	3	4	5	6	7	8	9	10	11	12
Länge	31	30	31	30	31	30	31	31	30	31	30	31
Art	L	C	L	C	L	C	L	L	C	L	C	L

Tafel 18.1: Die traditionelle Monatsfolge. Einrichtung: y ist die Nummer des Monats, wenn seine Länge mittels des Schaltkalküls erfaßt wird; sie gleicht der traditionellen Monatsnummer. Die Zeile *Art* gibt an, ob der Monat als Schaltjahr (= L) oder als Gemeinjahr (= C) behandelt wird.

leicht nach, daß die Konstellation $(c, l, \Delta) = (7, 4, 6)$ unsere Wünsche erfüllt, s. Tafel 18.2(b).

Kann man die Überlegung des letzten Absatzes systematisieren? Es sah eben zu sehr nach einer »vom Himmel gefallenen« Lösung aus.

Nun, analysieren wir Tafel 18.1, wobei wir lediglich die Schaltzahldichte $\frac{l}{c}$ und die Tatsache berücksichtigen, daß sich die Schaltjahre alle c-Jahre wiederholen; die genaue gleichmäßige Verteilung ignorieren wir zunächst ebenso wie die Verschiebung Δ.

Ein Schaltjahr in zwei Jahren ist zu wenig, da es dann keine Schaltjahrzwillinge gäbe. Zwei Schaltjahre in drei Jahren sind wiederum zu viel, ebenso wie drei Schaltjahre in fünf Jahren und fünf Schaltjahre in acht Jahren. Der Quotient $\frac{l}{c} = \frac{5}{9}$ hingegen paßt, nicht aber $\frac{6}{10} = \frac{3}{5}$. Der Bruch $\frac{7}{12}$ schließlich paßt.

Rechnet man die eben gefundenen Kandidaten nach, sie sind Teil der Tafel 18.2(a), so findet man das kritische Schaltjahrmuster der letzten Zeile der Tafel 18.1 wieder, der Deutlichkeit halber fett gedruckt.

Sind die passenden Quotienten Zufall oder noch nicht erkannte Notwendigkeit? Wenn man sich bewußt ist, wie gekürzte nichtnegative Brüche mittels der *Stern-Brocot*-Konstruktion erzeugt werden, erkennt man die *Stern-Brocot*-Folge

$$\frac{1}{2} < \frac{5}{9} < \frac{4}{7} < \frac{7}{12} < \frac{3}{5} < \frac{5}{8} < \frac{2}{3} < \frac{1}{1},$$

wobei die bereits gefundenen Intervallgrenzen markiert sind; man kann jetzt Korollar 18.2 und Satz 18.3 vermuten und hoffen, daß die Eigenschaften der Medianten uns Beweise konstruieren lassen.

18.1 Lemma. *Es gilt*

(18.1.i) $\frac{5}{3}\mathbb{L}_0 \cap [0, 4] = \{0, 2, 4\}$ *und* $\frac{2}{1}\mathbb{L}_0 \cap [0, 1] = \{0\}\,,$

(18.1.ii) $\frac{7}{4}\mathbb{L}_0 \cap [0, 13] = \{0, 2, 4, 6, 7, 9, 11, 13\}\,.$

Definiert man für $n \in \mathbb{N}$

$$c_0 = 5 + 7 = 12, \qquad c_{n+1} = c_n + 7$$
$$l_0 = 3 + 4 = 7, \qquad l_{n+1} = l_n + 4,$$

(18.1.iii)

so gilt

$$\left\lceil k\frac{c_n}{l_n} \right\rceil = \left\lceil k\frac{7}{4} \right\rceil \ \textit{für alle } k \in [0, 6] \cap \mathbb{Z}.$$

(a) Schaltzahlen nicht verschoben

k	λ_k						
0	**0**	**0**	**0**	**0**	0	0	0
1	**2**	**2**	**2**	**2**	2	2	2
2	**4**	**4**	**4**	**4**	4	4	4
3	**6**	**6**	**6**	**6**	6	6	6
4	**7**	**7**	**7**	**7**	8	8	8
5	**9**	**9**	**9**	**9**	9	9	10
6	**11**	**11**	**11**	**11**	11	11	11
7	12	12	13	13	**13**	**13**	**13**
8	14	14	14	14	15	15	**15**
9	16	16	16	16	16	17	17
10	17	18	18	18	18	18	19
11	19	19	19	20	20	20	21
c	17	12	19	7	16	9	11
l	10	7	11	4	9	5	6

(b) Schaltzahlen verschoben

k	$\lambda_k - \Delta$						
0	-16	-11	-18	-6	-1	-1	-3
1	-14	-9	-16	-4	**1**	**1**	-1
2	-12	-7	-14	-2	**3**	**3**	**1**
3	-10	-5	-12	0	**5**	**5**	**3**
4	-9	-4	-11	1	**7**	**7**	**5**
5	-7	-2	-9	3	**8**	**8**	**7**
6	-5	0	-7	5	**10**	**10**	**8**
7	-4	**1**	-5	7	**12**	**12**	**10**
8	-2	**3**	-4	8	**14**	**14**	**12**
9	0	**5**	-2	**10**	15	16	14
10	**1**	**7**	0	**12**	17	17	16
11	**3**	**8**	**1**	14	19	19	18
12	**5**	**10**	**3**	15	21	21	19
13	**7**	**12**	**5**	17	23	23	21
14	**8**	13	**7**	19	24	25	23
15	**10**	15	**8**	21	26	26	25
16	**12**	17	**10**	22	28	28	27
17	13	19	**12**	24	30	30	29
c	17	12	19	7	16	9	11
l	10	7	11	4	9	5	6
Δ	16	11	18	6	1	1	3

Tafel 18.2: Die traditionelle Monatsfolge modelliert durch Schaltzahlen. **Fett** gedruckt ist das Schaltjahresmuster der Zeile 4 der Tafel 18.1 auf Seite 163. Die Quotienten $\frac{c}{l}$ steigen von links nach rechts.

Definiert man für $n \in \mathbb{N}$

$$c_0 = 7, \qquad c_{n+1} = c_n + 2$$
$$l_0 = 4, \qquad l_{n+1} = l_n + 1,$$

so gilt

(18.1.iv)
$$\genfrac{}{}{0pt}{}{c_n}{l_n}\mathbb{L}_0 \cap [0,\, c_n - 1] \cap \mathbb{Z} = \{2k \mid k \in [0,\, l_n - 1] \cap \mathbb{Z}\}$$

mit

$$\left\lceil k\frac{c_n}{l_n} \right\rceil = 2k \text{ für alle } k \in [0,\, l_n - 1] \cap \mathbb{Z},$$

und die Menge der Schaltjahrzwillinge ist

$$\genfrac{}{}{0pt}{}{c_n}{l_n}\mathbb{T}_0 = \{(kc_{n-1},\, kc_n) \mid k \in \mathbb{Z}\}\,.$$

Beweis. zu (18.1.i). Man rechnet die Behauptung geduldig nach.

zu (18.1.ii). Wir folgern für die Mediante $\frac{5+2}{3+1} = \frac{7}{4}$:

k :	0	1	2	3		4	5	6	7
$\left\lceil k\frac{7}{4} \right\rceil$:	0	2	4	6		7	9	11	13

           1. Zyklus gemäß 16.28   2. Zyklus gemäß 16.12

zu (18.1.iii). Sei $n \in \mathbb{N}$ gegeben. Dann ist $l_n \geq 7$ und die Behauptung ergibt sich aus (18.1.ii) mittels des 2. Mediantenschaltsatzes 16.28.

zu (18.1.iv). Die erste Aussage zeigen wir mittels vollständiger Induktion nach $n \in \mathbb{N}$; der Induktionsanfang ist nach dem bisher Bewiesenen klar, die Behauptung folgt für $n + 1$ sofort mittels des 3. Mediantenschaltsatzes 16.29 aus der Induktionsvoraussetzung, genauer: man konstruiert die Schaltjahre des Zyklus $[0,\, c_{n+1} - 1] \cap \mathbb{Z}$ aus denen des Zyklus $[0,\, c_n - 1] \cap \mathbb{Z}$, indem man diese um 2 erhöht und um 1 nach rechts schiebt, sprich den Index um 1 erhöht und links eine 0 nachzieht.

Zur Aussage über die Zwillinge: Innerhalb der Zyklen sind, wie eben gezeigt, Schaltzahlen genau die geraden; da die Zykluslänge stets ungerade ist, folgt die Behauptung aus dem Schaltjahrwiederholungs- und -reduktionssatz 16.12. $\quad\square$

18.2 Korollar. *Zu jedem gekürzten Quotienten natürlicher Zahlen $\frac{c}{l} \in \left]\frac{5}{3}, \frac{2}{1}\right[\cap$ $\mathbb{Q}$ gibt es ein $y \in [0,\, c-1] \cap \mathbb{Z}$ mit*

$$\genfrac{}{}{0pt}{}{c}{l}\mathbb{L}_0 \cap [y,\, y+11] = \{y+0, y+2, y+4, y+6, y+7, y+9, y+11\}\,.$$

Beweis. Wegen $2 \cdot 3 - 5 \cdot 1 = 6 - 5 = 1$ läßt sich jeder gekürzte Quotient natürlicher Zahlen $\frac{c}{l} \in \left]\frac{5}{3}, \frac{2}{1}\right[\cap \mathbb{Q}$, ausgehend von den Intervallgrenzen, in endlich vielen Schritten als Mediante konstruieren; wir führen den Beweis folglich durch Induktion nach der Zahl dieser Konstruktionsschritte.

Der erste Schritt ergibt die Mediante $\frac{5+2}{3+1} = \frac{7}{4}$; man setze $y = 0$ und folgere die Behauptung aus (18.1.ii).

Sei $\frac{c}{l}$ eine Mediante mit $c + l > 11$.

1. Fall $\frac{c}{l} < \frac{7}{4}$. Kommt die Mediante unter den in (18.1.iii) behandelten vor, so ist $y = 0$ die gesuchte Zahl. Für jede Mediante zwischen zweien der in (18.1.iii) behandelten erfüllt $y = 0$ die Behauptung auf Grund des 2. Mediantenschaltsatzes 16.28, da $l > 7$, das gleiche gilt für jede Mediante mit $\frac{5}{3}$ als linkem Elternteil anstelle einer Mediante gemäß (18.1.iii).

2. Fall $\frac{c}{l} > \frac{7}{4}$. Ist $\frac{c}{l}$ einer der Brüche $\frac{c_n}{l_n}$ gemäß (18.1.iv), so setze man $y = c_{n-1} - 6$.

Jede andere Mediante übernimmt auf Grund des 2. Mediantenschaltsatzes 16.28 von seinem rechten Elternteil die Schaltjahre der Indizes 0 bis $l - 1$; das rechte Elternteil erfüllt aber die Induktionsvoraussetzung oder ist ein Bruch gemäß (18.1.iv), so daß auch das y übernommen werden kann. □

18.3 Satz ([28], S. 55; dort ohne Beweis). *Zu jedem gekürzten Quotienten natürlicher Zahlen $\frac{c}{l} \in \left]\frac{5}{3}, \frac{2}{1}\right[\cap \mathbb{Q}$ gibt es ein $\Delta \in [1, c-1] \cap \mathbb{Z}$ mit*

$$\textstyle{}^{c}_{l}\mathbb{L}_\Delta \cap [1, 12] \cap \mathbb{Z} = \{1, 3, 5, 7, 8, 10, 12\}\,.$$

Beweis. Es sei $\frac{c}{l} \in \left]\frac{5}{3}, \frac{2}{1}\right[\cap \mathbb{Q}$ ein gekürzter Quotient natürlicher Zahlen. Wir wählen ein $y \in [0, c-1] \cap \mathbb{Z}$ gemäß Korollar 18.2. Da das Schaltjahrmuster mit der Zahl 1 beginnen soll, ist die Kongruenz $1 + \Delta \equiv y \bmod c$ nach Δ aufzulösen, was stets möglich ist, und es ergibt sich $\Delta = (y - 1) \bmod c$. □

Der folgende Satz ist nach den bisherigen Ausführungen klar:

18.4 Satz (Traditionelle Gemeinjahrtageszählung). *Seien $m \in [1, 12] \cap \mathbb{Z}$ und $t \in [1, 31] \cap \mathbb{Z}$ derart, daß t ein gültiger Kalendertag des Monats m eines Gemeinjahrs sei; zählt man dessen Tage aufsteigend mit 0 am Neujahrstag beginnend, so ist dem Kalendertag die Nummer*

$$n = \left\lfloor \frac{4(m-1) + 3}{7} \right\rfloor + 30(m-1) + t - \left\{ \begin{array}{ll} 3 & (m, t) > (2, 28), \\ 1 & sonst \end{array} \right\}$$

zugeordnet.

18.2 Lunationsnumerierungen

Wie in Kapitel 13, genauer in der Kalenderregel 13.1 ausgeführt, beginnt ein Mondjahr des regulären Epaktenzyklus stets mit einer vollen Lunation und in den ersten 13 Lunationen ab Mondjahresbeginn alternieren die Lunationslängen von 30 und 29 Tagen regelmäßig, d.h. volle und hohle Mondmonate wechseln einander ab. Wir beschreiben dies mittels des Schaltkalküls. Die Lunationen übernehmen die Rolle der Jahre, die vollen werden zu Schalt-, die hohlen zu Gemeinjahren, und es gilt, die Größen c, l, Δ und L zu bestimmen. Sofort einsichtig ist $c = 2$, $l = 1$ und $L = 29$; abhängig davon, ob man die Lunationen mit $0, \ldots, 12$ oder mit $1, \ldots, 13$ bezeichnet, hat man $\Delta = 0$

oder $\Delta = 1$ zu wählen. – Wie man sofort nachrechnet, ist $\frac{11}{6} < \frac{13}{7} < \frac{2}{1}$ eine *Stern-Brocot*-Folge, der 2. Medinatenschaltsatz ergibt also, daß auch $c = 13$ und $l = 7$ zum Ziel führt, aber wie oben ist die kleinere Summe aus Zähler und Nenner algorithmisch zu bevorzugen.

18.5 Satz. *Numeriert man die Tage eines Mondjahres des regulären Epakten-zyklus von 0 an aufsteigend und ist $n \in [0, 364] \cap \mathbb{Z}$ einer der ersten 365 Tage ab Mondneujahr, so gehört er zur Lunation*

$$m = \left\lfloor \frac{2(n+1) + 59}{59} \right\rfloor \in [1, 13] \cap \mathbb{Z},$$

wenn diese ab 1 aufsteigend numeriert werden.

Beweis. Man wende (16.32.iv) an. □

Teil V

Anhänge

A Gaußens Formel nach Hörzu vom 28.03.1991

Die in [26] angegebenen Formel geben wir als wörtliches Zitat wieder, der Artikel insgesamt ist länger.

A.1 Zitat. *NN, [26]:* ... Ostern fällt im Jahr J auf den $(D + e + 1)$sten Tag nach dem 21. März. Wobei zur Errechnung von D und e folgende Angaben zu berücksichtigen sind:

$a = J \bmod 19$ (das heißt: a ist der Rest, der beim Dividieren von J durch 19 entsteht)

$$b = J \bmod 4$$
$$c = J \bmod 7$$
$$m = \left[\frac{8\left[\frac{J}{100}\right] + 13}{25}\right] - 2$$
$$s = \left[\frac{J}{100}\right] - \left[\frac{J}{400}\right] - 2$$

(wobei die eckigen Klammern um einen Ausdruck bedeuten, daß nur sein ganzzahliger Anteil berücksichtigt wird. Beispiel: $[1991 : 100] = 19$)

$$M = (15 + s - m) \bmod 30$$
$$N = (6 + s) \bmod 7$$
$$d = (M + 19a) \bmod 30$$
$$D = 28 \text{ falls } d = 29, \text{ oder}$$
$$D = 27 \text{ falls } d = 28 \text{ und } a \text{ größer oder gleich } 11, \text{ oder}$$
$$D = d \text{ für alle anderen Fälle}$$
$$e = (2b + 4c + 6D + N) \bmod 7.$$

...   □

Der Beweis dieser Osterformel ergibt sich aus dem der Formel 10.3. Die Formel ist äquivalent zu *Gauß*ens in [6] angegebener, wenn man die Berechnung der Mondgleichung gemäß [10] korrigiert.

Die Herleitung der Osterformeln

B Vielfachensummendarstellungen

Die Vielfachensummendarstellungen werden mittels des erweiterten Euklidischen Algorithmus zu Berechnung des größten gemeinsamen Teilers ([22], S. 14) bestimmt; wir geben dazu ein Beispiel:

$$19 = 4 \cdot 4 + 3 \qquad\qquad 3 = (-4) \cdot 4 + 19$$
$$4 = 3 + 1 \qquad\qquad 1 = -3 + 4$$
$$1 = 5 \cdot 4 - 19.$$

(B.1)	$1 =$	$\mathrm{ggT}(3, 7)$	$= (-2) \cdot 3 + 7$
(B.2)	$1 =$	$\mathrm{ggT}(4, 7)$	$= 2 \cdot 4 + (-1) \cdot 7$
(B.3)	$1 =$	$\mathrm{ggT}(4, 19)$	$= 5 \cdot 4 + (-1) \cdot 19$
(B.4)	$1 =$	$\mathrm{ggT}(7, 19)$	$= (-8) \cdot 7 + 3 \cdot 19$
(B.5)	$1 =$	$\mathrm{ggT}(11, 30)$	$= 11 \cdot 11 + (-4) \cdot 30$
(B.6)	$1 =$	$\mathrm{ggT}(19, 30)$	$= (-11) \cdot 19 + 7 \cdot 30$
(B.7)	$6 =$	$\mathrm{ggT}(30, 354)$	$= 12 \cdot 30 + (-1) \cdot 354$
(B.8)	$5 =$	$\mathrm{ggT}(30, 365)$	$= (-12) \cdot 30 + 365$
(B.9)	$1 =$	$\mathrm{ggT}(354, 365)$	$= (-166) \cdot 354 + 161 \cdot 365$

Literaturverzeichnis

[1] Joseph Bach. *Die Osterfestberechnung in alter und neuer Zeit. Ein Beitrag zur christlichen Chronologie.* Wissenschaftliche Beilage zum Jahresberichte des Bischöflichen Gymnasiums zu Straßburg. Buchdruckerei des „Elsässer ", Straßburg, 1907. Internetquelle: `www.computus.de`.

[2] Joseph Bach. Drei Osterformeln. *Astronomische Nachrichten*, 189(4517): 75–80, 1911. Internetquelle: `http://www.adsabs.harvard.edu/`.

[3] Werner Bergmann. Easter and the calendar
The mathematics of determining a formula for the easter festival to medieval computing. *Journal for General Philosophy of Science*, 22(1):15–41, March 1991. ISSN 0925-4560 (Print) 1572-8587 (Online).

[4] Keith Devlin. *THE MATH GENE – How Mathematical Thinking Evolved and Why Numbers Are Like Gossip.* Basic Books, 2000. ISBN 0-465-01618-9.

[5] Adolf Fraenkel. Die Berechnung des Osterfestes. *Journal für die reine und angewandte Mathematik*, 138(2):133–146, 1910. Internetquelle: `www.DigiZeitschriften.de`.

[6] Carl Friedrich Gauß. Berechnung des Osterfestes. *Monatliche Correspondenz zur Beförderung der Erd- und Himmelskunde*, August 1800. Nachdruck in [11], Bd. VI, S. 73-79.

[7] Carl Friedrich Gauß. *Disquisitiones arithmeticae.* Leipzig, 1801. Nachdruck in [11], Bd. I; das auf Latein geschriebene Buch gibt den Autor latinisiert im *ablativus causae* an: AUCTORE *D. CAROLO FRIDERICO GAUSS.*

[8] Carl Friedrich Gauß. Noch etwas über die Bestimmung des Osterfestes. *Braunschweigisches Magazin*, 12. September 1807. Nachdruck in [11], Bd. XI, S. 82-86.

[9] Carl Friedrich Gauß. Eine leichte Methode, den Ostersonntag zu finden. *Astronmisches Jahrbuch für das Jahr 1814*, 1811. Nachdruck in [11], Bd. XI, S. 199-200.

[10] Carl Friedrich Gauß. Berichtigung zu dem Aufsatze: Berechnung des Osterfestes Mon. Corr. 1800 Aug. S.121 (hier: [6]). *Zeitschrift für Astronomie und verwandte Wissenschaften, herausgeg. von* V. LINDENAU *u.*

BOHNENBERGER, 1, Jan. u. Febr. 1816. Nachdruck in [11], Bd. XI, S. 201.

[11] Carl Friedrich Gauß. *Werke.* Herausgegeben von der Königlichen Gesellschaft der Wissenschaften zu Göttingen, Band I-XII, 1863-1933. Digitales Faksimile, SUB Göttingen, Göttinger Digitalisierungs-Zentrum.

[12] Friedrich Karl Ginzel. *Handbuch der mathematischen und technischen Chronologie.* J.C. Hinrichs'sche Buchandlung, Band I-III, Leipzig, 1906-1914. Unveränderter Nachdruck Leipzig 1958.

[13] Ronald L. Graham/Donald E. Knuth/Oren Patashnik. *Concrete Mathematics.* Addison-Wesley, Upper Saddle River, NJ, second edition, 1994.

[14] A. Graßl. Die Gaußsche Osterregel und ihre Grundlagen. *Sterne und Weltraum*, (4):274–277, 1993.

[15] Hermann Grotefend. *Zeitrechnung des deutschen Mittelalters und der Neuzeit, 2 Bde.* Hahnsche Buchhandlung, Hannover, 1891-1898. Internetquelle: http://www.manuscripta-mediaevalia.de/gaeste/grotefend/grotefend.htm.

[16] Hermann Grotefend. *Taschenbuch der Zeitrechnung des deutschen Mittelalters und der Neuzeit.* Hahnsche Buchhandlung, Hannover, 1898/1991. ISBN 3-7752-5177-4.

[17] Mitchell A. Harris/Edward M. Reingold. Line Drawing, Leap Years, and Euclid. *ACM Computing Surveys*, 36(1):68–80, March 2004.

[18] Ferdinand Kaltenbrunner. Die Vorgeschichte der Gregorianischen Kalenderreform. *Sitzungsberichte der phil.-hist. Klasse der kais. Akademie der Wissenschaften*, LXXXVII. Band. Heft III:289–414, März 1876.

[19] Ferdinand Kaltenbrunner. Die Polemik über die Gregorianische Kalenderreform. *Sitzungsberichte der phil.-hist. Klasse der kais. Akademie der Wissenschaften*, LXXXVII. Bd.:485–586, Juli 1877. Sonderdruck: Wien, 1877 in Commission bei Karl Gerold's Sohn, Buchhändler der kais. Akademie derWissenschaften; auch verfügbar im Internet: www.computus.de.

[20] Michael E. Klews. Die Numerierung der Tage des Julianischen und des Gregrorianischen Kalenders – Ein Korrektheitsbeweis des *Algorithm 199* der ACM –. unveröffentlicht, 1993.

[21] Donald Knuth. The Calculation of Easter.... *Communications of the Association for Computing Machinery (CACM)*, 5(4):209–210, 1962.

[22] Donald E. Knuth. *The Art of Computer Programming, (Fundamental Algorithms),* volume I of *World Student Series.* Addison–Wesley Publishing Company, Reading, M.A., USA, 1977.

[23] Donald E. Knuth. *The Art of Computer Programming, (Fundamental Algorithms)*, volume I. Addison–Wesley Publishing Company, Upper Saddle River, N.J., Boston, Indianapolis, ..., third edition, 1997. ISBN 0-201-89683-4. Twenty-third printing, September 2007.

[24] J. Mayr. Das Kunstwerk des Lilius. *Astronomische Nachrichten*, 247 (5928):431–444, 1933. Internetquelle: http://www.adsabs.harvard.edu/.

[25] J. Meeus. *Astronomische Algorithmen*. Johann Ambrosius Barth, Leipzig, Berlin, Heidelberg, 1994. ISBN 3-335-00400-0.

[26] N. N. Wann ist eigentlich Ostern ? *HÖRZU*, (14):95, 1991. Ausgabe vom 28. März.

[27] Arnold Oberschelp. *Aufbau des Zahlensystems*. Vandenhoeck & Ruprecht, Göttingen, 1968.

[28] Edward M. Reingold/Nachum Dershowitz. *Calendrical Calculations*. Cambridge University Press, The Millenium edition, 2001. ISBN 0-521-77752-6. Corrected Second Printing 2002.

[29] Th. Sickel. Die Lunarbuchstaben in den Kalendarien des Mittelalters. *Sitzungsberichte der phil.-hist. Klasse der Wiener Akademie der Wissenschaften*, Bd. 38:153–201, Oktober 1861. Sonderdruck bei Karl Gerold's Sohn, Buchhändler der Kaiserlichen Akademie der Wissenschaften 1862; auch verfügbar im Internet: http://books.google.com, dort findet man den vollständigen 38. Bd.

[30] R. G. Tantzen. Algorithm 199: Conversions between Calendar Date and Julian Day Number. *Communications of the Association for Computing Machinery (CACM)*, 6(8):444, 1963.

[31] M.R. Williams. Certification of the Calculation of Easter...[Donald Knuth, Comm. ACM., Apr. 1962]. *Communications of the Association for Computing Machinery (CACM)*, 5(11):556, 1962. s. [21].

[32] H. Zemanek. *Kalender und Chronologie, Bekanntes & Unbekanntes aus der Kalenderwissenschaft*. Oldenbourg, München, Wien, 1984.

Index